FRANCIS POLLET

LE FUTUR DE L'AVION

Les prochains défis de l'industrie aéronautique

PRÉFACE DE BERTRAND PICCARD

fyp

IPSA
ÉCOLE D'INGÉNIEURS DE L'AIR ET DE L'ESPACE

IPSA

ÉCOLE
D'INGÉNIEURS
DE L'AIR ET DE L'ESPACE

Cet ouvrage a été réalisé à l'initiative de l'IPSA (Institut polytechnique des sciences avancées), école d'ingénieurs en aéronautique et spatial, membre de IONIS Education Group. Créée il y a soixante ans (1961), l'IPSA est présente dans trois villes : Paris-Ivry, Toulouse et Lyon. L'école propose à ses étudiants une formation d'ingénieurs en cinq ans, ainsi qu'un cursus Bachelor en trois ans. Ils bénéficient d'une pédagogie qui privilégie l'international et s'adapte aux besoins des entreprises du secteur aérospatial. L'école a développé des partenariats durables avec cette industrie, tant au niveau civil que militaire. En prise directe avec les grands décideurs et les spécialistes du domaine, l'IPSA permet à ses étudiants de rentrer de plain-pied dans la vie active et de vivre totalement leur passion pour l'aéronautique et l'espace.

DR

Francis Pollet, directeur de l'IPSA.

Biographie de l'auteur

Officier pilote diplômé de l'école de l'Air, ancien général de l'armée de l'air et ingénieur en mécanique des fluides, Francis Pollet est directeur de l'IPSA (Institut polytechnique des sciences avancées), école d'ingénieurs de l'air et de l'espace. Commandant de bord de l'avion présidentiel de 2000 à 2004, il a assuré 130 déplacements du président de la République Jacques Chirac. Il a également été le conseiller Air de quatre ministres de la Défense et a effectué plus de 100 missions de guerre. Sa carrière de pilote à bord du Falcon 900 et de l'Airbus A319 a connu de grands événements marquants de l'histoire du XXIe siècle, notamment le sauvetage d'Ingrid Betancourt. Grâce à son parcours exceptionnel, Francis Pollet détient une vraie vision des prochains défis du secteur de l'aéronautique. Il a toujours eu à cœur de favoriser la transmission des savoirs et, en tant que directeur d'école, il encourage aujourd'hui la jeune génération à partager sa passion.

Sommaire

Préface de
Bertrand Piccard

Je suis né en regardant le ciel. Aussi loin que remontent mes souvenirs, j'ai eu envie de voler. Certes, j'avais quelques prédispositions familiales pour l'exploration aéronautique, notamment grâce à mon grand-père qui fut le premier homme à atteindre la stratosphère et à voir de ses propres yeux la courbure de la Terre. Mais la vie, non sans une pointe d'ironie, m'avait affublée d'un vilain vertige. Pourtant, j'ai toujours eu la certitude que je volerai. Durant mon enfance, côtoyer la plupart des astronautes des programmes Gemini, Mercury et Apollo à Cap Kennedy n'a fait que renforcer ma passion pour l'aéronautique.

L'aviation est sans doute l'une des plus fantastiques avancées technologiques dans l'histoire de l'humanité. Au-delà de son rôle fondamental dans les échanges économiques et des millions d'emplois créés, l'avènement de l'aéronautique a eu des bénéfices majeurs sur notre ouverture au monde et nos échanges culturels.

Pourtant, l'aviation vit aujourd'hui l'une de ses plus graves crises depuis sa création au siècle dernier. Alors même que l'avion était déjà accusé de tous les maux pour son empreinte écologique, et que commençait à éclore la « honte de prendre l'avion », voici qu'une pandémie mondiale vient clouer au sol la grande majorité des aéronefs, entraînant avec elle une « peur de prendre l'avion ». Aujourd'hui, l'enjeu n'est autre que la survie du secteur aérien, et pour ce faire, c'est une véritable révolution qu'il va devoir opérer.

Pour sortir de la stigmatisation actuelle, reprendre son rôle de symbole de l'innovation et de la relation entre les peuples et retrouver sa gloire d'antan où elle faisait rêver petits et grands, l'industrie aéronautique doit reprendre la voie de la disruption.

En effet, alors même que les cinquante premières années de l'histoire de l'aviation ont été très riches en innovations disruptives — nous sommes passés du Flyer des frères Wright au Boeing 707 — le demi-siècle suivant a surtout été marqué par de l'optimisation des aéronefs. L'A340 d'Airbus ressemble toujours extérieurement à un Boeing 707. Les avions de demain doivent être radicalement différents de ceux que nous connaissons aujourd'hui, notamment par leurs formes et par leurs motorisations. Je suis convaincu que l'électrification du secteur est inéluctable, que ce soit grâce aux batteries ou à l'hydrogène.

Mais en attendant cet horizon radieux où les avions n'émettront plus un seul gramme de CO_2, les compagnies aériennes doivent d'ores et déjà s'engager sur la voie de la neutralité carbone — certaines en prennent d'ailleurs déjà le chemin. Beaucoup de technologies propres, telles que celles que nous sélectionnons à travers le label Solar Impulse, et de changements opérationnels permettent dès aujourd'hui des améliorations conséquentes de l'empreinte carbone du secteur.

Nous devons accélérer l'adoption des biocarburants et du kérosène synthétique et développer ces filières, qui ne représentent aujourd'hui qu'une part insignifiante de la consommation de l'aviation mondiale. Nous devons généraliser les procédures telles que l'approche en descente constante plutôt que par paliers, qui diminue considérablement la consommation de carburant. Les logiciels d'analyse de plan de vol, disponible sur le marché, représentent également des gains de consommation pouvant atteindre jusqu'à 5 % ! Les engins électriques pour amener les avions sur la piste ou pour transporter les bagages, ou encore l'alimentation de l'avion en électricité par l'aéroport plutôt que par les APU (Auxiliary Power Unit) sont eux aussi des manières de rendre l'aviation plus durable.

Le temps que toutes ces nouveautés soient mises en place, la compensation est une solution transitoire pertinente. Les compagnies aériennes feraient preuve d'une immense audace en proposant, dès à présent, une compensation totale des émissions de CO_2 de chacun de leur vol. Le coût d'une telle mesure serait en réalité assez faible, et serait à mon sens la meilleure manière de répondre au malaise des nouvelles générations face à l'aérien. Au fur et à mesure des améliorations environnementales, la compensation diminuerait, jusqu'à ce que, tôt ou tard, il n'y ait plus aucun gaz à effet de serre à compenser !

Je sais qu'il n'existe pas de solution miracle au défi environnemental. Mais je sais aussi que rien n'est impossible. Mon tour du monde en ballon à bord de Breitling Orbiter 3, ou en avion solaire avec Solar Impulse, en sont des preuves indéniables. Au siècle dernier, qui aurait pu croire qu'un avion ferait le tour du monde sans une seule goutte de carburant ?

Certes, l'aéronautique vit une période compliquée et pleine d'incertitudes, mais je reste convaincu qu'il n'existe aucun défi trop ambitieux, et je sais que des milliers de jeunes étudiants ont à cœur de les relever en utilisant les technologies modernes qui sont désormais à leur disposition. Pour redonner à l'aviation son rôle de moteur de l'innovation, cette génération d'ingénieurs audacieux aura besoin d'écoles et d'universités d'excellence qui les forment à ces sujets passionnants. C'est précisément le rôle que s'est fixé l'Institut polytechnique des sciences avancées (IPSA), qui est à la pointe dans ce domaine.

« Fais de ta vie un rêve, et d'un rêve une réalité », disait Antoine de Saint Exupéry. Mon rêve, à moi, est de concilier l'une des plus formidables innovations de notre temps avec l'impératif écologique. À nous d'en faire une réalité.

Bertrand Piccard,
président de la fondation Solar Impulse.

Avant-propos

Imaginer « le futur de l'aviation » en 2020, en pleine pandémie de Covid-19, et face aux menaces du changement climatique, c'est comme tenter de piloter un avion en plein décrochage, en chute libre dans un trou d'air comme on n'en a jamais connu.

Tous les cadrans du tableau de bord sont affolés, les capteurs de l'appareil n'enregistrent que des fluctuations chaotiques, les commandes ne répondent plus. On imagine que le sol se rapproche, mais on est incapable de le situer. Jusqu'où ira la chute ? Cette chute est-elle vraiment « libre » ou bien dépend-elle de facteurs qui nous échappent ? Y-a-t-il une fatalité ? Ne parlons même pas de la présence d'un éventuel pilote dans l'avion.

Nous vivons ce que nous appelons « le Grand décrochage ».

C'est ce moment que nous avons choisi pour réfléchir sur un symbole de la modernité : l'aviation dans toutes ses dimensions, et cela dans la perspective des dix années à venir. Si l'on ne cède pas à la peur, si l'on sait raison garder, c'est un bon moment pour poser des questions de fond :

— On sait que pour voler, il faut maintenir l'appareil dans un fragile équilibre, comme sur une tête d'épingle. Quelle perturbation, quel manque d'anticipation ou quelle faute de pilotage internationale a pu être assez puissant pour faire basculer d'un seul coup tout le secteur aérien ?

— On connaît le principe sustentateur d'un avion, mais quel est celui de l'aviation dans son ensemble ? Quelle est la nature du milieu qui la soutient ? La confiance ? La croyance ? L'énergie ? La monnaie ?

— Si par bonheur, l'aviation venait redécoller, grâce à quels nouveaux principes de propulsion et de sustentation pourrait-elle à nouveau se maintenir en vol ? À quels équilibres faudra-t-il veiller à l'avenir ? Quelles technologies, nouvelles ou anciennes, et quels appareils pourront y parvenir ?

Bien entendu, il est question ici de moteurs, de carburants, d'électronique, de consommation énergétique, de bilan carbone, d'économie, de rentabilité, d'investissements, d'hydrogène, de biocarburants, d'électricité, et aussi d'engins étranges qui ne ressemblent plus guère à des avions. Mais pas seulement.

L'aviation, c'est surtout un jeu complexe aux multiples acteurs, couplé avec toutes les réalités et les folies du monde. Les formes qu'ont pris les avions et de l'aviation par le passé étaient le reflet de leur époque. Il est probable qu'il en soit de même à l'avenir si le monde venait à changer.

Pour le moment, les avions, les aéroports, les compagnies, les constructeurs, les pilotes et les équipages, sont encore là, rutilants et bien réels, mais plus rien ou presque ne vole. Quelle folie les a cloués au sol ?

Les acteurs du secteur aérien en sont à imaginer qu'une « hystérie morbide » veut la chute de l'Empire du ciel. Peut-être est-ce seulement un malentendu ?

Tout le monde ne devrait-il pas comprendre que l'hystérie comme l'Empire n'existent pas vraiment ? Ce qui existe par contre, c'est un ensemble d'acteurs à la pointe des sciences et des technologies, fourmillant de projets, capables de se remettre en question, de regarder froidement les choses, tout en formulant de nouvelles visions. Leurs réservoirs sont gorgés d'intelligence.

Et il en faudra ! Tout indique que le Grand décrochage fera émerger un monde inouï où rien ne sera laissé intact.

Attachez vos ceintures…

1

L'Empire du ciel

Pleins d'espoir, nous attendîmes longtemps sur la piste. Puis vint le moment du décollage, la phase de vol la plus critique. Durant une lente montée par paliers, tout paraissait encore instable. Enfin, vers 30 000 pieds, le jet-stream nous propulsa de l'autre côté de l'océan, en vitesse de croisière.

En rêve, cela pourrait être le résumé de l'histoire de l'aviation depuis ses balbutiements.

À l'aube de 2020, on pouvait avoir le sentiment que l'aviation avait atteint sa vitesse de croisière. Sortie grandie des deux guerres mondiales, puis de la guerre froide, elle avait surpassé les chocs pétroliers des années 1970, le 11 septembre 2001 et la crise financière de 2008. L'aviation semblait avoir définitivement conquis l'Empire du ciel. Rien ne pourrait plus l'arrêter. Elle ne descendrait jamais de son jet-stream pour atterrir, encore moins pour se crasher.

1— Accélération permanente

Plus qu'une vitesse de croisière, c'était une accélération permanente. Le trafic aérien mondial n'en finissait pas de grimper. Il avait franchi le cap des 4 milliards de passagers dans l'année en 2017, le double qu'en 2005 et huit fois plus qu'au début des années 1970. On s'attendait qu'il passe le cap des 7,5 milliards — le nombre de terriens — en 2035.

Certes, les avions de ligne ne volaient pas plus vite que ceux des années 1960, mais le secteur aérien connaissait partout une croissance double de celle du reste de l'économie. Si une région voyait son PIB croître de 2 %, le trafic y progressait de 4 %. Au niveau mondial, la croissance annuelle se maintenait à 6 % depuis plus de 25 ans.

Fin 2019, le nombre de « passagers-kilomètres » dépassait encore de 3,4 % celui de l'année précédente. La marge nette moyenne des compagnies était de 5,8 %, et en Europe entre 10 % et 20 %. Celle des aéroports était supérieure à 20 %.

En France, l'industrie aéronautique (constructeurs et sous-traitants) représentait 195 000 emplois directs et indirects, dont 35 000 en recherches et développements, en croissance de 3 % par an entre 2011 et 2018. Les cinq dernières années, 20 000 emplois avaient été créés pour faire passer la production des A320 de 40 à 60 exemplaires par mois.

Cette manne d'emplois ne concernait pas seulement les grands groupes (Airbus, Dassault Aviation, Safran, Thales) : + 1 % par an pour eux, contre + 7 % par an pour les entreprises sous-traitantes, ce qui montrait le dynamisme de la filière et à quel point elle irriguait l'économie.

Les parts commerciales de l'industrie aéronautique française d'avant 2020 donnent encore le tournis :

Airbus représentait 50 % de la flotte mondiale. Safran, le motoriste national, équipait de ses réacteurs 70 % des avions court et moyen-courriers, y compris de nombreux avions Boeing. Dassault Aviation fournissait 15 % des avions d'affaires, un chiffre en léger recul, mais compensé par la vente d'avions militaires. Thales réalisait 12 % de son chiffre dans l'aéronautique civile pour 2,2 milliards d'euros, et plus encore dans le spatial. Saft, le spécialiste mondial des batteries, équipait les deux tiers des avions en circulation, dont 70 % des Boeing. Au total, c'était 50 milliards d'euros de chiffres d'affaires, et un solde positif de 27 milliards d'euros[1] pour la balance commerciale.

Si l'on ajoute aux constructeurs, les opérateurs des aéroports, les compagnies aériennes et les revenus générés par les touristes arrivés par avion, la contribution globale du secteur du transport aérien à l'économie française représentait 1,1 million d'emplois directs et indirects, 88 milliards d'euros et 4,3 % du PIB. Selon les tendances de 2019, on pouvait espérer une croissance de 47 % dans les vingt années suivantes[2].

1. 34 milliards, selon une autre source.

2. « The importance of air transport to France », IATA Economics, iata.org.

Tel était l'Empire du ciel.
Qu'est-ce qui pouvait mal tourner ?

2— Anticipations de crises

Chaque compartiment de l'industrie avait ses spécialistes de l'anticipation de crises. Il existait de nombreuses organisations regroupant les acteurs du secteur[3], à échelle mondiale, européenne ou nationale, dont le rôle était entre autres, d'anticiper. C'était aussi la vocation des bureaux d'études que d'anticiper — si ce n'est les crises, au moins les changements —, avec de nouveaux concepts d'avions, de motorisation, d'énergie, de systèmes électroniques et d'organisation.

Toutefois, ces anticipations restaient limitées à des domaines particuliers que l'on va évoquer : pétrole, climat, terrorisme, rapports sociaux et relation du travail, politique militaro-industrielle.

En 2019, le secteur aérien tremblait devant les tensions géopolitiques et commerciales entre la Chine et les États-Unis, car il en déjà subissait quelques conséquences désagréables[4]. Mais il ne pouvait envisager ce qui s'est abattu sur lui en 2020, un choc face auquel il n'existait aucun scénario.

3. Voir le glossaire des acronymes.

4. Diminution du fret, principalement dans la zone Asie-Pacifique.

• *Anticipation de choc pétrolier*

Les chocs pétroliers de 1973 et 1979 avaient habitué les esprits à en voir surgir de nouveau. Le monde aérien vivait dans l'expectative de l'explosion du cours du baril supposé inéluctable à l'approche du pic pétrolier, au-delà duquel les gisements seraient définitivement épuisés.

Contre toute attente, entre 2014 et 2020, le cours du pétrole s'était maintenu à un niveau assez bas, autour de 65 dollars le baril. En même temps, le taux de change du dollar — la monnaie dans laquelle le carburant est acheté — avait plutôt tendance à diminuer. Résultat, dans les années qui ont précédé 2020, les compagnies ont bénéficié d'un carburant bon marché. Qui plus est, il n'était toujours pas taxé. En conséquence, la part du kérosène dans le prix du billet avait tendance à diminuer : en 2019, autour de 25 % des coûts d'exploitation pour les compagnies traditionnelles, et autour de 30 % pour les *low-cost* en raison de leur faible masse salariale. Les tarifs n'en finissaient pas de baisser, ce qui dopait encore le trafic aérien.

En guise d'anticipation d'une nouvelle crise du pétrole, toutes les compagnies se contentaient de contracter des « assurances carburant » auprès d'assureurs spécialisés. La règle était simple : si le prix du baril dépassait 65 dollars, l'assureur leur remboursait la différence. Dans le cas contraire, c'est elles qui payaient.

L'année 2020 a amené un nouveau type de choc pétrolier qui semble déborder largement ce cadre d'anticipation. Le « futur de l'avion », avec ou sans pétrole ?

• *Anticipation de crise climatique*

On entendait dire, pas seulement par provocation, que le secteur aérien avait toujours lutté contre changement climatique par le simple fait qu'il a toujours eu intérêt à créer et à exploiter des avions de plus en plus sobres pour diminuer sa dépendance au pétrole. Ainsi, en 70 ans, la consommation des avions au siège par kilomètre avait baissé de 80 %, dont une baisse de 50 % dans les quinze dernières années.

En 2019, les familles d'avions A320 et A350 étaient devenues des exemples en termes de consommation de kérosène. Selon les mesures faites en conditions réelles[5], ces avions consommaient en moyenne 2,3 litres au 100 km par passager, soit une consommation très inférieure à celle des voitures particulières de dernière génération.

Les possibilités de réduire encore cette consommation étaient nombreuses comme en témoignait par exemple le projet Flying-V, étudié par l'Université de Delft avec le concours de KLM et d'Airbus, qui promettait encore une baisse de consommation de carburant de 20 % en agissant seulement sur l'aérodynamisme. À cela il fallait ajouter une économie du même ordre de grandeur attendue des progrès de la motorisation[6].

5. Mesures réalisées par l'ONG International Council on Clean Transportation (ICCT).

6. Cf. chap. V, « Préserver le connu », p. 129.

Le Flying-V de l'université de Delft.

Cette tendance à la sobriété s'exprimait aussi en matière de CO_2. L'émission de 95 g de CO_2 pour 100 km par passager, qui était la cible en 2020 pour des A320 et A350, équivalait à celle d'une voiture consommant 4,1 litres au 100 km occupée par son seul conducteur. Sur ce plan encore, l'industrie aéronautique pouvait se targuer d'être loin devant celle de l'automobile.

Les technologies en cours de déploiement dans la flotte mondiale devraient encore diminuer de 8 % les émissions de CO_2 d'ici 2030, sans compter l'optimisation du trafic aérien (trajectoires, vitesse, etc.) attendue d'un nouveau système ATM[7] qui devait être déployé en Europe avant 2025.

7. ATM (Air Traffic Management).

La cadence de réduction des émissions, environ 1 à 2 % par an[8] ne compensait pas la croissance annuelle du trafic qui dépassait les 5 %. Les acteurs aéronautiques utilisaient donc des moyens détournés pour atteindre leurs objectifs carbone : compensation des vols via la plantation de forêts, investissements financiers « verts », etc. Cette politique attestait d'une volonté de la part de l'industrie de se défaire de son image de gros émetteur de gaz à effets de serre.

Certaines compagnies aériennes, dont Air France-KLM, tentaient de faire savoir qu'elles avaient réussi, non seulement à neutraliser leurs émissions de CO_2, mais à les faire baisser en valeur absolue. Cette baisse était le résultat d'une multitude d'initiatives comme l'allègement des avions, le recours aux biocarburants, l'éco-roulage, l'éco-pilotage, etc.

L'ensemble des adhérents de l'IATA[9] avait pris l'engagement de diviser par deux les émissions de gaz à effet de serre d'ici 2050, à l'échelle mondiale[10], échéance également fixée dans la feuille de route du gouvernement français pour la mise au point d'avions « zéro carbone » utilisant les énergies renouvelables.

Cependant, le secteur aérien était toujours vu par le GIEC comme responsable de 2,8 % des émissions de gaz à effet de serre et de 2 à 3 % du réchauffement d'origine

8. Selon le GIFAS (groupement des industries françaises aéronautiques et spatiales).

9. IATA : International Air Transport Association.

10. Selon le plan CORSIA (Carbon Offsetting and Reduction Scheme for International Aviation) piloté par l'OACI (Organisation de l'aviation civile internationale), une institution spécialisée de l'ONU.

anthropique[11]. On lisait dans certains rapports[12] que si le trafic aérien continuait à croître au même rythme et si les autres sources n'augmentaient pas, l'aviation serait responsable de 22 % des émissions en 2050.

Les professionnels du secteur rétorquaient que l'informatique, c'était 4 %, des émissions, et l'habillement 8 à 10 %, et que celle-ci était aussi en augmentation. Certains se demandaient si dans ce genre de calculs, la responsabilité du fret aérien généré par les autres industries était mise sur le dos de l'aviation. Ils soupçonnaient que si l'aviation était montrée du doigt plus que les autres, c'était en raison de ses traînées dans le ciel qui la rendaient plus visible, et de sa bonne santé qui la rendait plus enviable.

Certaines enquêtes d'opinion[13] montraient en effet que le public surestimait la pollution du secteur aérien en comparaison de celles des autres industries, et qu'elle nourrissait la conviction que l'émission de CO_2 par passager était en voie d'augmentation. Et manifestement, selon ces enquêtes, le public ignorait tout des efforts déployés par le secteur aérien pour réduire son impact environnemental. Des voix de plus en plus nombreuses réclamaient la réduc-

11. Un taux de 4.9 % si l'on comptabilise ses effets induits : « Aviation and global climate change in the 21st century », *Atmospheric Environment*, vol. 43, n° 22–23, 2009, p. 3520-3537.

12. Martin Cames, Jakob Graichen, Anne Siemons, Vanessa Cook, « Emission Reduction Targets for International Aviation and Shipping », Public Health and Food Safety (ENVI), European Parliament's Committee on Environment, novembre 2015.

13. Notamment l'étude « Les Français et l'impact environnemental du transport aérien : entre mythes et réalités », *Les cahiers de la chaire Pégase*, n° 1, Montpellier Business School, février 2020.

tion drastique du trafic en vue de respecter l'objectif de l'Accord de Paris. Selon elles, cela devait passer par des changements de comportement individuel (voyager moins loin, moins souvent, privilégier d'autres modes de transport), et aussi par une régulation forte au niveau international pour faire payer au secteur aérien le prix de sa pollution[14].

Aucune anticipation n'avait vu venir la crise de 2020 et la soudaine clarté qu'elle a apportée aux cieux du monde entier. Dès lors, les innovations, les modifications de comportements, les régulations internationales et les taxes, seront-elles encore à l'ordre du jour ? Qui sait si, loin des anticipations, le « futur de l'avion » ne prendra pas une trajectoire encore insoupçonnée ?

• *Anticipation de menace terroriste*

Au fil des attentats et des détournements d'avions qui avaient marqué la fin du XXe siècle et le début du XXIe siècle, la menace terroriste s'était imposée dans les esprits comme le talon d'Achille du transport aérien.

C'était en dépit des statistiques sur la sécurité des différents modes de déplacement. Elles montraient en effet que le transport aérien, qu'il ait été ou non soumis au terrorisme[15], était toujours l'un des modes les plus sûrs[16]. Les

---

14. C'était le sens d'une écotaxe de 4,2 milliards d'euros prônée en France par la Convention citoyenne pour le climat réunie par le président Macron.

15. Décès en diminution régulière au niveau mondial, selon le B3A (Bureau of Aircraft Accidents Archives) : 2 226 en 1970 ; 548 en 2019.

décès causés par les attentats du 11-Septembre — directs (265 dans les avions) ou indirects (2 731 dans les tours et au Pentagone) — n'avaient pratiquement rien changé à ce constat sur le long terme.

Il était donc irrationnel d'éviter de voler de peur de faire partie de la très faible proportion de personnes qui meurent dans des accidents aériens. C'est pourtant ce que les gens avaient massivement choisi de faire après les attentats, en particulier aux États-Unis, préférant prendre le volant sur de longues distances plutôt que de prendre l'avion, ce qui les a exposés mécaniquement à un risque supérieur[17].

L'évaluation du rapport « bénéfice/risque » des réponses possibles face à une menace est une affaire complexe. La réponse des autorités aux attentats du 11-Septembre a clairement été non pas rationnelle, mais politique[18]. Elle s'était traduite par une augmentation massive des mesures de sécurité, entraînant une réduction de la menace terroriste minime, voire illusoire[19], au risque, bien réel celui-ci, de plomber l'activité du secteur aérien et de menacer la liberté des citoyens.

Depuis 2001, 7,4 milliards de dollars ont été investis au niveau mondial chaque année dans la sûreté aéroportuaire.

16. Plus sûr que la marche à pied, un peu moins sûr que le train.

17. Raywat Deonandan, Amber Backwell, « Driving deaths and injuries post-9/11 », *International Journal of General Medicine*, octobre 2011.

18. Notamment le Patriot Act, voté par le Congrès des États-Unis après 2001.

19. Le mercredi 2 septembre 2020, sept ans après les révélations du lanceur d'alerte Edward Snowden, un tribunal fédéral américain a jugé que la surveillance téléphonique globale de la NSA était non seulement illégale et aussi inefficace.

En 2020, des évolutions lourdes étaient encore attendues sur le plan des équipements : déploiement des frontières sans contact reposant sur la biométrie ; caméra permettant une prise de température ; éventuelle mise en place de tests sanguins avant le décollage ; *body scan* au lieu des anciens portiques ; reconnaissance faciale.

Restait la question de la répartition du coût de ces nouvelles obligations sécuritaires. Qui paierait la facture ? Les passagers, les États, les compagnies, les aéroports ? Il semblait que ces derniers, considérés comme les plus profitables, aient été tout désignés.

Notons que la crise qui a surgi en 2020 n'a pas eu pour cause le terrorisme. En revanche, elle a asséché les ressources financières de tous les acteurs engagés dans la lutte contre cette menace. Dès lors, ces obligations sécuritaires apparaîtront-elles comme prioritaires dans l'avenir ? La sécurité est essentielle pour le futur de l'avion. Comment pourrait-elle être gérée de manière humaine et raisonnée ?

• *Anticipation de crise sociale*

Il fut un temps où lorsque l'on prenait un vol de la Pan Am, on s'imaginait voyager aux côtés de James Bond. American Airlines sentait bon le rêve américain et Boeing sonnait comme une pichenette sur le corps argenté d'une fusée Saturn.

© Boeing.

Le futur de l'avion en 1968.

Du côté européen, la Caravelle promettait la découverte de nouveaux continents, et le Concorde signifiait que l'aviation avait un rôle à jouer dans la paix et l'amitié entre les peuples. En ce temps-là, les ingénieur(e)s et les équipages pouvaient imaginer faire partie de l'élite et se sentir investis d'une mission.

Ce temps était révolu depuis le début des années 1980 où le transport aérien s'était massifié et industrialisé. Dans un premier temps, les fuselages blancs des Airbus frappés du pavillon des compagnies d'État représentaient encore le rêve raisonnable d'une aviation internationale. Puis de dérégulations en libéralisations, les compagnies nationales avaient perdu de leur superbe au profit de compagnies privées.

Dans les années 2000, on s'était mis à prendre l'avion sur Ryanair pour quelques euros, comme on va faire ses courses chez Lidl. Comme l'illustraient les personnages de BD qui ornaient les avions des compagnies charters, voler n'était pas très différent que de visiter Disneyland ou le parc Astérix. Le nom Airbus lui-même était descendu du ciel. Pour les cadres qui prenaient l'avion plusieurs fois par semaine, son usage s'était banalisé au même titre que pour d'autres, le bus de la ligne 38 entre la porte d'Orléans et la porte de la Chapelle.

Déjà, bien avant 2020, on pouvait se demander si les avions ne volaient plus vraiment dans le ciel, mais surtout dans les bilans comptables, dans les systèmes de gestion SAP, dans le trading haute fréquence des places boursières, dans les comparateurs de prix, et en fin de compte dans les poches des actionnaires.

Le futur de l'avion en 2015.

Les particuliers qui avaient pris l'habitude de réserver leurs vols par internet[20] pouvaient observer les prix fluctuer d'une seconde à l'autre sans comprendre pourquoi. Et derrière leur écran, ils pouvaient se douter qu'une guerre commerciale et sociale se déroulait sans pitié. En France, le public avait peut-être déjà pris conscience de cela en 2005, en découvrant sur leur petit écran le directeur des ressources humaines d'Air France, torse nu, chemise déchirée, exfiltré in extremis des locaux de la compagnie alors qu'il était poursuivi par des syndicalistes.

En effet, l'Empire du ciel, bien que bénéficiant d'une accélération permanente, n'était plus un havre de paix sociale depuis longtemps. Plusieurs points caractérisaient les rapports sociaux et les relations du travail[21] dans le transport aérien pendant les deux décennies qui ont précédé 2020 :

— De fortes disparités de salaires et de conditions de travail entre les catégories de personnels ; y compris entre les compagnies à catégorie égale. Pour ce qui est des pilotes, par exemple, il pouvait exister un rapport de 1 à 15 entre les salaires constatés chez certaines compagnies low-cost[22] et chez les compagnies nationales. Ce rapport était inversé (de 4 à 1) pour ce qui était des durées de travail.

20. En 2015, 7 % des voyageurs réservaient leurs vols en passant par des sites comparateurs de prix et 13 % par des agences de voyage en ligne. Source : « Enquête nationale auprès des passagers aériens », 2015-2016, sur ecologie.gouv.fr.

21. « Relations du travail dans le secteur du transport aérien », rapport de la European Foundation for the Improvement of Living and Working Conditions, 2005.

22. Par exemple, la compagnie WiZZ Air, basée en Hongrie et placée au cinquième rang européen des compagnies low-cost.

— Une forte disparité professionnelle entre les sexes : les pilotes, les ouvriers manuels et les bagagistes étaient principalement des hommes alors que les agents de bord et le personnel au sol étaient essentiellement des femmes.

— Un fort taux de syndicalisation dans toutes compagnies à l'exception de certaines low-cost, telle que Ryanair connue pour mener une politique anti syndicale.

— L'absence d'unité entre les différentes catégories de personnels : pilotes, personnels navigants, personnels au sol, personnels des activités annexes des aéroports, ce qui les laissait globalement impuissants dans les négociations avec leur direction et face au marché.

Ces points étaient sans doute à l'origine d'une grande part des tensions sociales qui se sont manifestées dans le marché dérégulé du transport aérien. Un autre était sans doute lié à l'informatisation accélérée du travail qui était à l'œuvre dans le transport aérien comme dans toutes les industries. Elle pouvait laisser croire aux salariés, aux opérateurs et aussi aux décideurs qu'ils travaillaient désormais, non plus pour transporter des êtres humains, mais pour alimenter des algorithmes.

En vertu du règlement général sur la protection des données (RGPD) adopté par l'Union européenne en 2016, les entreprises s'étaient vues obligées de mener des études d'impacts sur les systèmes qu'elles mettaient en place, évaluations qui devaient notamment permettre de consulter les salariés. Mais que pouvait faire concrètement un tel règlement dans la cadre d'un marché aussi dérégulé et concurrentiel que celui du transport aérien ?

À la différence des salariés du transport aérien, ceux des constructeurs, bénéficiant pour la plupart de liens forts avec les États, pouvaient encore s'imaginer vivre dans un havre de paix sociale.

On le voit, il n'existait pas réellement d'anticipation de crise sociale dans un secteur aérien abandonné au seul marché. Aucun acteur n'était suffisamment puissant et légitime pour proposer une vision et entreprendre de la développer à la seule échelle où cela aurait pu avoir un impact, à savoir celle du monde entier. Il ne fait guère de doute que pour tous ces salariés, la crise de 2020 et ses suites vont entraîner des changements considérables que personne n'avait anticipés.

Le futur de l'avion ne peut faire l'impasse sur ces questions sociales. Il semble impossible de l'imaginer sans accueillir tout le monde à bord.

• *Anticipation militaro-industrielle*

Le rôle de l'armée en temps de paix était d'anticiper les conflits de tout type et de s'y préparer. L'aérospatial était l'un des principaux domaines de la défense où les États agissaient en vue de maintenir des bureaux d'études et des industries capables de développer des technologies stratégiques, et de leur fournir les appareils et les équipements en cas de conflit armé.

La plupart des constructeurs et équipementiers de l'aéronautique étaient scindés en deux divisions, une civile et l'autre militaire, et il existait traditionnellement un jeu de vases communicants entre elles. Les industriels comptaient sur les commandes de matériels militaires pour maintenir leurs chaînes d'assemblage et soutenir leur fonction R&D supposée se répercuter un jour sur la production civile.

En d'autres termes, les constructeurs attendaient des États qu'ils assurent, grâce à leurs commandes militaires, le plan de charge de leurs bureaux d'études dans le cas où leurs activités civiles viendraient à faiblir. En retour, les États attendaient des industriels qu'ils maintiennent leurs capacités et les emplois nécessaires pour y parvenir. Et ce maintien de l'activité économique et industrielle était un critère d'évaluation du personnel politique qui conditionnait sa réélection.

Ce jeu de vases communicants n'avait rien de secret. Il était clairement affiché en tant que tel, avec diverses variantes, par la plupart des industriels de l'aéronautique dans le monde entier. En France, c'était le cas par exemple de Dassault aviation[23] qui devait son activité à un pacte tacite avec l'État français remontant à l'immédiat après-guerre avec le choix du Mirage III comme unique avion de chasse.

23. La page de promotion du démonstrateur de drone furtif nEUROn de Dassault Aviation présente, presque au mot près, ces arguments.

© Rob Shenk

Le F-22 Raptor de Lockheed Martin (2005-2009).

Si la fonction (*feature*) de ce jeu était de maintenir des capacités technologiques, il comportait aussi des travers puissants[24] (*bugs*) qui se sont exprimés en temps de guerre comme en temps de paix : ce jeu était à la source de nombreuses affaires de corruption ; il conduisait à des phénomènes de concurrence déloyale entre industriels[25] ; il prenait en otage tous les acteurs qui ne pouvaient mener une politique plus vertueuse sous peine de disparaître ; il encourageait une escalade de l'armement et des politiques belliqueuses ; et pour ce qui est des avions en particulier,

24. Tellement puissants qu'il est permis de se demander si ces travers ne font pas parties des fonctions principales (*it's not a bug, it's a feature!*).

25. Requérant parfois la médiation de l'Organisation mondiale du commerce (OMC).

il conduisait parfois au développement d'appareils exagérément sophistiqués et hors de prix au point d'être inutilisables sur des théâtres d'opérations réels[26].

Quoi qu'on puisse en penser sur le plan moral et politique, on ne peut que reconnaître que ce jeu militaro-industriel, qui a trouvé de multiples variantes selon les époques et les cultures, a contribué à l'émergence de l'aviation civile.

Ainsi l'industrie militaire a toujours détenu une grande partie des clefs du futur de l'avion. La plupart des spécialistes de l'anticipation des grands acteurs industriels n'imaginent sans doute pas que cela puisse changer un jour. Or, contre toute attente, certains indices apparus en 2020 laissent penser qu'à l'avenir, cela pourrait ne plus être tout à fait le cas.

Le futur de l'avion se ferait donc ailleurs…

---

26. Par exemple, le fameux F-22 Raptor, de Lockheed Martin, dont la production a dû cesser prématurément en 2009 pour les raisons citées, ou bien son successeur, le F-35A, qui ne peut pas voler par temps orageux.

2

Le Grand décrochage

Bien entendu, le décrochage de l'aviation trouve sa cause première dans la pandémie. Cependant, en prolongeant notre métaphore aéronautique, nous proposons de distinguer le « trou d'air » d'un côté, et le « décrochage » de l'autre. Le trou d'air s'explique par les conditions atmosphériques du moment, à savoir le contexte pandémique, tandis que le décrochage provient de réactions de pilotage inadaptées au trou d'air en question.

Autrement dit, nous considérons que le Grand décrochage a été déclenché, non par la pandémie elle-même, mais par les politiques adoptées par les acteurs institutionnels et gouvernementaux en réponse à celle-ci. On peut supposer que d'autres options de pilotage, c'est-à-dire d'autres politiques — plus mesurées et mieux coordonnées —, auraient eu d'autres effets. Peut-être auraient-elles amorti, voire évité le décrochage en question.

Donc, y a-t-il eu erreur de pilotage politique et institutionnelle ? S'il y avait eu un pilote à bord, on aurait pu le dire. Mais il y en a eu une multitude ! Manifestement, les acteurs institutionnels et gouvernementaux n'avaient ni les bons instruments pour comprendre la profondeur et la composition du trou d'air qui se présentait à eux, ni les bons leviers pour piloter dans ces conditions extrêmes.

Beaucoup pensent que les acteurs du monde de l'aéronautique portent aussi une part de responsabilité du décrochage qui les a touchés. En effet, bénéficiant d'un marché en forte croissance, ils pouvaient sembler installés dans leur zone de confort, et manifestement, eux aussi n'ont rien vu venir.

Mais aurait-il pu en être autrement ? Avec un peu de recul, on peut voir le Grand décrochage comme un événement multi-échelles et multi-facteurs qui échappe à toutes les anticipations classiques — pétrole, climat, terrorisme, rapports sociaux et relations du travail, politique militaro-industrielle — et qui, en même temps, les implique tous.

Nous évoquons ici la manière dont le Grand décrochage s'est traduit de manière pratique sur les différents acteurs et aussi, comment il a déjoué toutes leurs anticipations. C'est une avalanche de chiffres plus terribles — et au fond plus dénués de sens — les uns que les autres. Aucune de ces données ne peut en effet rendre compte de la variété des vies individuelles qui ont été impactées, et qui le seront encore.

1— Compagnies

Interdiction des déplacements, fermeture des frontières, limitation du remplissage des avions, contrôles sanitaires dans les aéroports, nul n'est capable de prévoir, à l'heure où sont écrites ces lignes, combien de temps vont durer ces mesures prises début 2020.

Au plus fort du confinement en Europe (de mars à juin 2020, selon les pays), le trafic aérien a baissé de 96 % pour les compagnies traditionnelles et de 98 % pour les *low cost*. Le trafic a repris un peu en été, par exemple, Air France KLM a assuré 35 % à 40 % de ses vols.

Début septembre, le niveau du trafic est à 53 %, mais il est en baisse par rapport à la fin août. On le voit, la situation est instable. Les projections les plus favorables réalisées par Eurocontrol[27] prévoient pour début 2021 un niveau de trafic « stabilisé à - 20 % » par rapport à celui de 2019. En cas de réouverture non coordonnée des frontières, ce qui semble être le cas, ce niveau se situerait plutôt à - 25 %.

Selon L'IATA, « c'est à partir de ce palier, atteint seulement au bout d'une année, que l'aviation pourrait voir sa croissance repartir à un rythme "normal", soit deux fois la croissance économique locale. Dans ce cas, on reviendrait au niveau de trafic de 2019 à horizon 2023 pour le trafic régional moyen-courrier et en 2025 pour les vols long-

27. Cf. Glossaire des acronymes, p. 159.

courriers. Il s'agit d'une moyenne mondiale, l'Asie ayant de grandes chances d'être en avance alors que l'Europe et USA seraient certainement plus lents. » D'autres prévisions, plus pessimistes, tablent sur un retour à la normale seulement en 2028.

Le prix des actions des compagnies aériennes s'est effondré en mars (de - 40 % à - 50 %) dans des proportions plus importantes que le reste du marché boursier. Si l'ensemble des marchés d'actions s'est redressé assez rapidement, fin août, les compagnies aériennes avaient à peine décollé de leur point bas[28].

Dans ses premières estimations, I'IATA prévoyait une baisse de chiffre d'affaires de 314 milliards de dollars pour les compagnies aériennes mondiales en 2020. D'autres estimations le portent à 328 milliards de dollars, en repli de 61 % par rapport à 2019.

Dès le mois de mars, les gouvernements ont lancé des plans d'aide pour tenter de sauver leurs compagnies nationales.

Aux États-Unis, les autorités fédérales ont déboursé 25 milliards de dollars pour servir, entre autres, à payer les salaires des employés jusqu'en septembre. Moins de six mois plus tard, les compagnies se sont tournées à nouveau vers Washington pour obtenir 25 milliards de dollars supplémentaires. Les compagnies américaines risquent de voir

28. « Airline shares fail to recover with global equity markets », IATA Economics' Chart of the Week, 28 août 2020.

leur taille nettement réduite après la crise. Par exemple, les effectifs d'American Airlines pourraient passer de 140 000 à seulement 100 000 salariés, voire moins.

Partout ailleurs, en Europe, en Océanie ou au Moyen-Orient, l'emploi semble servir de variable d'ajustement dans des proportions similaires : des coupes de 25 % à 40 %, avec comme seule perspective pour les salariés licenciés une éventuellement réembauche en cas de reprise, sans doute avec un salaire inférieur.

Chez Air France-KLM, qui a obtenu, en avril 2020, 7 milliards d'euros de prêts garantis par l'État français et 4 milliards de l'État néerlandais sans contrepartie sociale, il est question en août de supprimer 7 500 postes, soit près de 9 000 salariés. Le plan de départs volontaires pourrait pousser vers la sortie entre 6 000 et 8 000 salariés parmi l'effectif du personnel au sol, qui comprend environ 30 000 personnes.

Pour Karine Monsegu, co-secrétaire générale de la CGT Air France : « La crise a bon dos. C'est l'occasion, pour les ultralibéraux, de détruire le modèle social. [...] Ben Smith, le directeur général d'Air France-KLM, est en train de faire ce qui a été présenté aux investisseurs en novembre 2019 », soit bien avant la crise. Elle ajoute qu'« un emploi supprimé chez Air France induit trois à cinq suppressions de postes dans la sous-traitance[29]. »

29. Propos rapportés par le quotidien *Le Monde*, le 28 août 2020.

Pas seulement chez Air France-KLM, mais dans toutes les compagnies, de nombreux syndicats dénoncent l'exploitation de la pandémie par la direction comme un « effet d'aubaine » pour lancer les restructurations dont elle rêvait. Selon le tableau que nous avons brossé du contexte social du transport aérien[30], tout semble se passer, en effet, comme si le secteur avait rencontré le choc social qu'il attendait, à défaut de l'anticiper.

Les pertes abyssales des compagnies (1,8 milliard d'euros pour Air France-KLM seulement au premier trimestre) sont dues essentiellement à l'arrêt de leur activité et aux annulations de vols.

Notons aussi la question de l'assurance-carburant, une goutte d'eau dans cet océan de pertes, tout aussi inattendue. En avril 2020, le prix du baril plonge soudainement dans des abysses inimaginables, en dessous de 20 dollars, avant de remonter à près de 40 dollars. Les compagnies doivent donc payer aux assureurs la différence entre le cours réel et le cours moyen qui est à 65 dollars, ce qui, pour certaines, représente des centaines de millions de dollars.

Seule bonne nouvelle pour les compagnies, avec un baril à 40 dollars, il n'est plus intéressant de changer les vieux avions pour en acheter de plus économes en carburant ; une raison supplémentaire pour elles d'annuler ou de reporter leurs commandes de nouveaux appareils auprès

30. Cf. chap. I, « Anticipation de crise sociale », p. 30.

des constructeurs. Le « futur de l'avion », est-ce l'avion d'occasion ?

2— Constructeurs

Dans les compagnies, c'est donc la course pour annuler ou repousser les livraisons et les commandes. Les avionneurs, motoristes et toute la chaîne industrielle de l'aéronautique se trouvent pris en étau entre l'effondrement des demandes des compagnies et la disponibilité soudaine d'appareils d'occasion à prix bradés. La production pourrait durablement s'ajuster 30 % en dessous du niveau d'avant-crise, voire moins si la baisse du prix des carburants, qui réduit l'intérêt de fabriquer de nouveaux appareils, se poursuit.

Empêtré dans les déboires du 737 MAX immobilisé au sol depuis la mi-mars 2019, et bientôt dans des problèmes détectés sur le 787 Dreamliner, Boeing subit de nombreuses annulations[31]. La firme a annoncé des licenciements en avril : 10 % de ses effectifs, soit près de 19 000 postes, qui vont sans doute se poursuivre.

Au premier semestre 2020, Airbus a divisé par deux le nombre d'avions livrés par rapport à la même période l'an dernier et il a réduit d'un tiers ses cadences de production. Avec une perte de 1,9 milliard d'euros, l'avionneur a annoncé le 30 juin qu'il entendait supprimer 15 000 postes

31. Fin juillet, Boeing totalisait 689 annulations, contre 67 pour Airbus.

dans le monde, dont 5 000 en France. Néanmoins, au 31 juillet, le carnet de commandes de l'avionneur européen paraissait encore confortable[32] : 7 539 exemplaires, dont 6 125 appareils de la famille des A320.

Contrairement à Boeing dont la branche Défense est largement dominante, les trois quarts de l'activité d'Airbus proviennent de sa branche Aviation commerciale, suivie de sa division Défense et Espace, et enfin d'Airbus Helicopters. Connaissant le jeu reliant l'aéronautique civile et militaire[33], et constatant la diminution drastique de ses commandes civiles, Airbus, comme les autres industries aéronautiques françaises et européennes, pouvait anticiper une augmentation proportionnée de commandes militaires. C'est ce qui se produisit début septembre, enfin presque.

Le ministère des Armées et celui de l'Intérieur ont annoncé qu'ils allaient dépenser 832 millions d'euros pour avancer des commandes d'appareils prévues les années suivantes : trois avions ravitailleurs A330 MRTT Phénix, un avion léger de surveillance et de renseignement (ALSR), huit hélicoptères Caracal, plusieurs drones VSR 700 (Airbus, Guimbal et Naval Group), et des petits Survey-Copter. De plus, une douzaine d'hélicoptères H160 et H145 sont commandés par la gendarmerie et la sécurité civile.

32. Selon l'AFP.

33. Cf. chap I, « Anticipation militaro-industrielle », p. 35.

Ces commandes sont saluées par les industriels français et européens concernés[34], ainsi que par les syndicats, mais elles ne sont sans doute pas à la hauteur de leurs attentes dans le contexte de crise sans précédent qui touche leurs activités civiles.

Outre-Atlantique, Boeing, Lockheed Martin et d'autres, se sont vus confirmer des commandes militaires qui se chiffrent, non pas en centaines de millions, mais en dizaines de milliards de dollars. Dans le contexte électoral américain, on a entendu le président Trump manifester une soudaine défiance envers la politique d'armement du Pentagone[35] à l'origine de ces commandes. Il s'agit évidemment d'une manœuvre de pure communication pour séduire certaines franges de l'électorat. Dans les faits, Trump soutient massivement l'industrie militaire, notamment Boeing Military, dans l'espoir que les militaires le soutiennent en retour.

La relative modestie des commandes militaires du côté français s'explique en partie par le manque de capacité financière de l'État, dû au fait que la France, seule, contrairement aux États-Unis, n'a qu'un contrôle limité sur sa monnaie.

---

34. Une partie des équipements commandés n'est pas fabriquée en France. L'A330 MRTT est assemblé à Toulouse, mais militarisé en Espagne. A l'inverse du H160, fabriqué à Marignane, l'hélicoptère H145 est assemblé à Donauworth, en Allemagne. Quant à l'avion ALSR, il est basé sur une plateforme américaine, le Beechcraft King Air 350, adaptée par Sabena Technics et Thales.

35. Donald Trump, lors d'un discours à la Maison-Blanche, le 8 septembre 2020 : « Je ne dis pas que les militaires m'aiment. Les soldats m'aiment, mais pas les huiles du Pentagone qui ne veulent qu'une chose : faire la guerre pour plaire aux merveilleux équipementiers qui fabriquent des bombes et des avions. »

© Dassault Aviation.

Le Rafale de Dassault Aviation.

Cependant des annonces ont suivi concernant des commandes beaucoup plus conséquentes en faveur de Dassault aviation[36]. Elles proviennent d'un autre pays européen qui est pourtant connu pour son déficit chronique. Il faut sans doute y voir l'un des premiers effets du plan de relance post-Covid-19 de l'Union européenne, voté le 27 juillet 2020, pour un montant de 750 milliards d'euros, dont 390 milliards de subventions attribuées aux pays les plus touchés durant la pandémie[37].

Ce plan de relance, financé par un emprunt effectué par la Commission européenne, aura sans doute de nombreux autres effets sur l'aéronautique civile et militaire. Pour rembourser cet emprunt commun aux États membres, il est prévu que l'UE se dote de nouvelles ressources grâce à une

36. Achat de 18 avions Rafale par la Grèce.

37. La Grèce est l'un des pays européens qui a le moins souffert de la pandémie.

taxe sur les plastiques non recyclés[38], un mécanisme de taxe carbone aux frontières sur les produits issus d'industries polluantes, et une redevance numérique. La manière dont ces ressources seront prélevées n'est pas encore détaillée. Néanmoins, on ne peut s'empêcher de constater que ce plan de relance établit de fait un lien inattendu entre des domaines qui a priori n'ont aucun rapport les uns avec les autres : pandémie, plastique, carbone, numérique et aéronautique militaire. Le seul fil conducteur entre eux, c'est « la confiance, le crédit et la légitimité », des éléments cruciaux pour l'aviation évoqués plus loin.

On voit dans cet exemple d'avions Rafale à quel point l'Europe se livre aux acrobaties les plus complexes pour financer son aéronautique militaire et sauver son industrie civile. Contrairement aux États-Unis où les choses étaient finalement assez simples, avant que Donald Trump ne fasse de la question de l'aéronautique militaire un sujet électoral potentiellement explosif[39].

S'il s'était agi d'une guerre prévisible ou déclarée[40], l'Europe et les pays qui la composent, auraient pu, sans

38. Ce qui équivaut tout simplement à une taxe sur le plastique, son recyclage n'ayant aucune viabilité technique et économique selon une enquête réalisée par Frontline en 2020.

39. Les présidents américains font souvent campagne comme des colombes et gouvernent ensuite comme des faucons. C'était le cas de Bush et d'Obama. C'est maintenant le cas de Trump, et Joe Biden n'échappe pas à ce schéma. Dans une interview pour *Stars and Stripes*, il a souligné du bout des lèvres la nécessité de mettre fin aux « guerres éternelles » des États-Unis, mais les positions de politique étrangère qu'il soutient par ailleurs le place sur une ligne militariste extrême.

40. Pour l'heure, le différend entre la Grèce et la Turquie ne fait pas partie de cette catégorie.

faire trop de contorsions, justifier aux yeux de l'opinion le vote de crédits militaires exceptionnels. Or la crise de 2020 à l'origine du décrochage de l'industrie aéronautique et de l'économie en général, n'a rien à voir avec ce type de circonstances. En effet, il ne s'agit que d'un virus sur lequel un drone de combat ou tout autre avion militaire, furtif ou non, avec ou sans pilote, quelles que soient ses performances, n'a évidemment aucun effet.

Tandis que les armées commençaient à s'habituer au concept de guerre asymétrique qui oppose la force militaire d'un État à des combattants matériellement insignifiants — et que ce type guerre leur posait déjà des problèmes conceptuels — aujourd'hui, elles sont projetées dans un monde où l'adversaire est microscopique. Il est microscopique, mais pas insignifiant, au sens où il agit comme un déclencheur de signaux dans un nouveau type de guerre qui ne se joue, non pas sur un terrain physique, mais dans le monde de l'information.

Dans ce monde-là, chaque fait, chaque événement, chaque domaine, réel ou fictif, est potentiellement en relation avec tous les autres[41]. Et selon les aléas de ces interactions, les avions décollent, ou ne décollent pas.

À nos yeux, ces changements, qui se manifestent qualitativement de manière différente aux États-Unis et en Europe, sont des signes annonçant que quelque chose est

41. Comme le lien « pandémie, plastique, carbone, numérique, aéronautique militaire » établi par le plan de relance de l'UE.

en train de se gripper dans le jeu militaro-industriel qui présidait jusqu'à présent au futur de l'avion. Il faudra considérer à l'avenir que les avions volent aussi, et peut-être avant tout, dans le monde de l'information.

3— Aéroports

Partout dans le monde, la pandémie a vidé les aéroports pendant de longues semaines, condamnant une large part du personnel au chômage technique et un peu plus tard au licenciement. Comme pour les compagnies et les constructeurs, la perte de chiffre d'affaires des aéroports est abyssale.

La lente reprise du trafic s'accompagne de mesures sanitaires extrêmement difficiles à gérer pour les aéroports. Négociées de manière bilatérale entre les services diplomatiques et de santé des pays concernés, elles sont réactualisées souvent d'une semaine sur l'autre, parfois d'un jour à l'autre. Ces mesures et la manière dont elles sont appliquées varient selon les pays, les régions, les aéroports d'arrivée et de départ, et aussi selon les escales. Leur nature est extrêmement diverse ; des plus laxistes aux plus autoritaires.

Début septembre, un espoir que les choses rentrent dans l'ordre a été esquissé par les autorités gouvernementales[42]. Israël confine à nouveau sa population pour trois

42. Le 3 septembre 2020, les ministres des Affaires étrangères du G20 se sont réunis en visioconférence pour envisager pour la première fois une réouverture progressive et coordonnée des liaisons aériennes.

semaines, et certains pays, tel que le Royaume-Uni, restent inflexibles. Plusieurs compagnies aériennes, dont British Airways et EasyJet, ont exhorté le gouvernement britannique d'introduire une politique de test comme alternative à la quarantaine obligatoire, en la présentant comme une « dernière chance » de sauver l'industrie.

Il n'y pas si longtemps, l'« aéroport du futur » était idéalement fluide, traitant les passagers à la volée, contrôlé de manière centralisée de façon à ce que tous les acteurs (opérateurs, compagnies aériennes, services de police et de douane, contrôleurs aériens, etc.) puissent visualiser tout ou partie de l'activité de la plateforme et communiquer entre eux.

À l'aube de 2020, cette vision était pratiquement une réalité dans de nombreux aéroports. Tout allait bien si l'on peut dire. Dans une enquête menée en France en 2017, environ 70 % des passagers jugeaient « très positives » les mesures de sûreté aux postes d'inspection-filtrage, et près de 90 % les estimaient bien appliquées par le personnel, adaptées aux circonstances, utiles et rassurantes[43].

Survenue dans ce tableau idyllique, les obligations sanitaires posent soudainement des questions pratiques difficiles :

— Comment assurer une fluidité dès lors que les tests sérologiques seraient généralisés ?

43. Enquête nationale auprès des passagers aériens, DGAC, ministère de la Transition écologique et solidaire, 2017.

— Quelles mesures d'hygiène supplémentaires faut-il instituer dans la chaîne de contrôle et de transit ?

— Qu'en est-il des systèmes de reconnaissance faciale dès lors que le port du masque est obligatoire ?

— Si des vaccins venaient à être mis au point, lesquels seraient valables ici, admissibles là ? Et comment les contrôler ?

— Si tant est que l'on puisse trouver des réponses à ces questions, comment faire en sorte qu'elles soient éthiquement acceptables et économiquement viables, et comme nous l'avons vu, qu'elles ne détruisent pas davantage l'imaginaire du voyage et ne sapent « l'expérience client », c'est-à-dire celle des voyageurs ?

Nul doute que de nombreuses entreprises du secteur de la sécurité, qui représente un énorme enjeu économique à l'échelle mondiale, vont proposer ce qu'elles présenteront comme des « solutions ». Mais cette fois, leurs clients, à savoir les aéroports, risquent de ne plus disposer de suffisamment de ressources pour de nouveaux investissements, contrairement au passé. À moins que cette question de sécurité ne passe pour une obligation politique, comme dans le cas de l'industrie de l'armement évoqué plus haut. Notons que les acteurs industriels du secteur de la sécurité et de l'armement sont souvent les mêmes.

En 2020, surfant sur la vague de la pandémie, de nombreux fournisseurs de technologies dans le monde, notamment des entreprises coréennes et chinoises, avec l'appui de leur gouvernement respectif[44], font l'apologie d'une future société « sans contact », la présentant comme désirable et inéluctable.

Il paraît probable que cette approche se développe dans ces pays où la reconnaissance faciale fait déjà l'objet de plans massifs[45]. En revanche, il n'est pas certain que l'acceptabilité de ces technologies par les populations, européennes notamment, soit sans limites. En outre, il est difficile d'imaginer que la pandémie puisse motiver le vote de crédits de sécurité exceptionnels, contrairement à une guerre qui, elle, peut justifier des crédits d'armement.

Le futur de l'avion, qui est aussi celui des aéroports, est dans l'attente d'idées qui le feront redécoller.

---

44. En Corée-du-Sud, la « Untact Revolution » est soutenue par un plan de relance du gouvernement ; en Chine, c'est le concept « O2O » (Online to Offline), en lien avec le Digital Yuan, la cryptomonnaie d'Etat, qui est lancé à l'automne 2020.

45. Voir l'étude « Reconnaissance faciale, une biométrie qui fascine autant qu'elle interroge », Thales groups, 2019, disponible en ligne.

3

Composition du trou d'air

L'aviation et le monde en général ont décroché dans un trou d'air qui ne se limite pas au seul événement pandémique. Selon nous, le trou d'air en question a des aspects plus profonds qui font redouter que le Grand décrochage ne se prolonge, voire ne s'amplifie. Ou pire encore, que tout continue comme avant, ou fasse semblant de le faire, sans avoir produit le moindre changement structurel, au risque de plonger très vite dans une crise plus grave encore.

Il semble important de tenter de mieux comprendre la composition de ce trou d'air, afin de nous donner des éléments pour reprendre les commandes, retrouver une portance, et nous projeter dans le futur de l'avion, qui devrait nécessairement être adapté à un monde viable à long terme.

— La première composante du trou d'air est relative aux nuages menaçants que le changement climatique, et les mouvements d'opinion qu'il suscite accumulent sur le transport aérien. Ce point est discuté plus loin dans « La honte de voler ».

— La seconde composante relève de certaines instabilités commerciales, industrielles et financières, dues à l'entrée en lice de nouveaux acteurs inattendus sur le marché aérien. Ce point est évoqué dans « L'industrie "aéronumérique" ».

— La troisième — sans doute la composante la plus essentielle et la moins comprise — est un ensemble de perturbations sociales, psychologiques et cognitives qui annoncent peut-être un changement radical des vents dominants. Nous tentons d'éclairer cela dans la partie « Confiance, crédit, légitimité ».

En outre, le trou d'air comporte aussi des composantes géopolitiques. Nous avons vu en effet qu'avant le Grand décrochage, le monde de l'aéronautique était surtout préoccupé par les tensions grandissantes entre la Chine et les États-Unis. Nous n'aborderons ces aspects qu'indirectement.

1— La honte de voler

Né en Suède fin 2018, soit moins de deux ans avant le Grand décrochage, le mouvement « *flygskam*[46] » (« la honte de prendre l'avion ») consiste à boycotter l'avion en réponse à l'urgence climatique. Il a contribué à un recul du nombre de passagers aériens dans le pays en 2019 et à une augmentation de ceux qui prennent le train.

À propos de l'origine suédoise de ce mouvement, les sociologues Yoann Demoli et sa collègue Jeanne Subtil[47] signalent que deux tiers des Suédois prennent l'avion, contre un quart des Français. Selon eux, dès lors qu'elles sont démocratisées, les pratiques sont souvent remises en cause. Par exemple, la voiture a été critiquée quand elle est devenue un phénomène de masse. Ce n'est donc donc pas étonnant que le mouvement soit parti de Suède.

En effet, la massification du transport aérien pouvait donner le sentiment que de plus en plus de personnes prenaient l'avion. Cependant, les mêmes sociologues précisent qu'il n'y avait pas vraiment eu de démocratisation, à de rares exceptions près, comme en Suède. On constatait une multiplication des voyages plutôt qu'une multiplication des voyageurs. Autrement dit, il s'agissait d'une démocratisa-

46. Terme suédois « *flygskam* », traduit par en anglais par « *flight shame* », en français par « la honte de prendre l'avion », parfois francisé en « avihonte ».

47. Yoann Demoli, Jeanne Subtil, « Boarding Classes. Mesurer la démocratisation du transport aérien en France (1974-2008) », *Sociologie*, vol. X, 2019, p. 131-151.

tion quantitative, et non pas qualitative[48]. Ces observations suggèrent que « la honte de prendre l'avion » était, peu de temps avant le Grand décrochage[49], un sentiment partagé parmi les classes moyenne et supérieure. On peut penser qu'il en était de même des « grèves scolaires pour le climat », un mouvement avec lequel le Flygskam partage de nombreux points communs. Ce mouvement est aussi parti de Suède. Il a été impulsé par une jeune fille, Greta Thunberg, issue d'un milieu aisé, très vite soutenue par des milieux qui l'étaient encore plus.

Même si la honte de voler semble ne pas avoir impacté le trafic aérien ailleurs qu'en Suède, on peut supposer que son message se soit répandu dans les esprits, à l'instar des grèves scolaires pour le climat, c'est-à-dire sur tous les continents[50], à l'exception de la majeure partie de l'Afrique dont on comprend bien pourquoi sa population ne s'est pas sentie concernée. Pour d'autres raisons que l'on devine, mais qui mériteraient d'être analysées, ce mouvement n'a rencontré aucun succès dans la plupart des pays de l'ancien bloc soviétique, la Russie en tête, et du Moyen-Orient, notamment l'Arabie saoudite. Enfin, le mouvement a trouvé peu d'adeptes parmi les personnes issues de milieux ou de quartiers défavorisés.

---

48. D'autres études confirment que 10 % à 15 % des voyageurs seulement effectuaient 50 à 70 % des voyages (Airlines for America, UK Department for Transport, Imperial college of London).

49. Nous parlons ici encore au passé car la situation paraît hautement évolutive.

50. « Global map of school strikes », World Economic Forum, 2019, disponible en ligne.

C'est donc dans un environnement social et politique particulier que s'est développé le phénomène de la honte de voler qui nous intéresse au titre de son possible impact sur le futur de l'avion. Pour tenter de saisir comment ce mouvement pourrait évoluer à l'avenir, s'il va durablement creuser le trou d'air qui menace l'aviation, poursuivons notre analogie aéronautique et météorologique.

DR

Un cumulonimbus.

Considérons que la honte de voler soit un effet avant-coureur d'un nuage menaçant constitué de toutes les questions liées au changement climatique, et ajoutons, à la peur de l'effondrement environnemental et social. Ce nuage serait du type le plus dangereux qui soit : un cumulonimbus[51].

51. Les cumulonimbus sont les nuages qui présentent la plus grande extension verticale. On les reconnaît à leur forme d'enclume qui peut culminer à 21 kilomètres. Ils sont à l'origine de turbulences extrêmes qui ont entraîné de nombreux accidents aériens avant que l'on apprenne à s'en méfier.

Ce cumulonimbus imaginaire planait déjà dans le ciel de l'aéronautique avant la pandémie. Il n'est pas directement responsable du décrochage de l'aviation. En revanche, sa présence pourrait constituer un obstacle majeur à son redécollage.

Considérons notre cumulonimbus comme une cellule convective où des forces contradictoires sont à l'œuvre : d'un côté celles des phénomènes eux-mêmes (changement climatique, crise environnementale), de l'autre celles des réactions humaines, psychologiques et sociales, face à ces phénomènes.

Il semble que l'interaction de ces forces, qui sont bien sûr inséparables les unes des autres, puisse dilapider une énergie considérable et produire des effets puissants d'« aveuglement », de « cisaillement », de « dépression » ou d'« aspiration », voire des « orages », accompagnés comme il se doit d'« éclairs » et de « coups de tonnerre » qui menacent non seulement l'aviation, mais le monde dans son ensemble.

Dans le ciel réel, la présence d'un cumulonimbus est considérée comme tellement dangereuse que même les plus gros avions de ligne modifient leur route afin d'éviter de les traverser. Dans le ciel imaginaire de notre analogie, il s'agit d'un cumulonimbus de type informationnel. Les notions d'énergie et de force mesurées en joules et en newton, dans le domaine de la thermodynamique, ou les notions de température et de ph dans le domaine de la chimie, n'y ont pas cours. Les notions équivalentes, voire analogues, s'expriment dans le domaine des sciences cognitives en pourcentage, quantifiant une probabilité, et en bits, mesurant la complexité, la simplicité, et surtout l'inattendu[52].

Dans ce ciel imaginaire, le cumulonimbus informationnel ne peut pas être évité. Il est relié avec tous les faits et gestes des uns et des autres, réels ou fictifs, et même à toutes idées et théories que nous pouvons formuler à son sujet. Le monde de l'aviation et le monde en général devront donc apprendre à composer avec lui.

Le changement climatique et les déséquilibres environnementaux sont des phénomènes informationnels, avant d'être thermodynamiques, chimiques et biologiques. Tous les éléments constitutifs de la biosphère s'informent mutuellement et forment entre eux des boucles de rétroaction positives ou négatives[53], qui se renforcent ou pas, et qui, de proche en proche, sont toutes dépendantes les unes des autres.

Les réactions humaines, psychologiques et sociales sont aussi des phénomènes informationnels, les plus complexes qui soient. Essayons de percer seulement quelques-uns de leurs aspects :

— La manière dont nous produisons des connaissances sur le changement climatique pose question. Les sciences sont organisées comme un système de disciplines, où des spécialistes connaissant une partie tentent d'interagir entre eux pour reconstituer une image du tout aussi fidèle que

52. « Théorie de la simplicité », voir l'encyclopédie en ligne Wikipédia.

53. Selon les termes consacrés par la cybernétique.

possible. Depuis trente ans, les approches conceptuelles du climat, les modèles théoriques et les données disponibles ont évolué. Comme l'ont noté deux chercheurs britanniques[54], cela a conduit à faire évoluer aussi la manière dont sont présentées les cibles en matière de lutte contre le changement climatique. On a d'abord parlé de pourcentage de réduction des émissions, puis de concentration atmosphérique de CO_2 et de budget carbone, et maintenant de probabilité de réchauffement dans certaines limites de température[55].

Qui dit probabilité dit incertitude. Au fond, bien qu'on ait beaucoup mal à l'admettre, personne ne sait quoi que ce soit au-delà des probabilités et des modèles qui par nature sont réfutables. Et encore ceux-ci ne tiennent pas compte d'événements inattendus qui pourraient survenir, comme cela a été le cas de l'irruption du coronavirus. Ainsi, tout se passe comme si notre cumulonimbus produisait un effet d'« aveuglement » en nous plongeant dans un brouillard d'indétermination.

— La manière dont nous interprétons les études scientifiques sur le changement climatique pose question. Il est

54. Duncan McLaren, Nils Markusson, « The co-evolution of technological promises, modelling, policies and climate change targets », *Nature Climate Change*, vol. X, p. 392–397, 2020, disponible en ligne.

55. Selon les dernières analyses du GIEC, au rythme actuel des émissions de gaz à effet de serre, en 2060 il est est peu probable que le réchauffement reste inférieur à + 2°C. Il y a deux chances sur trois de rester dans un réchauffement compris entre + 2,6 à + 3,9°C, et neuf chances sur dix de se situer dans un intervalle entre + 2,3 et + 4,7°C. Source : « La valeur basse de la sensibilité climatique peut maintenant être exclue », Institut de recherche en sciences de l'environnement, août 2020, disponible sur ipso.fr.

clair que la climatologie « informe » les politiques publiques et influence les comportements de tout un chacun. Or, après avoir analysé la succession des cibles climatiques et les approches d'atténuation depuis 1990, les mêmes chercheurs britanniques ont conclu que la manière dont les climatologues ont successivement présenté l'information avait retardé le déploiement de solutions concrètes.

Bref, avec une certaine mauvaise conscience, mais en nous justifiant par tous les discours possibles[56], nous avons tendance à reporter toujours les décisions, ailleurs, sur d'autres acteurs, ou à plus tard, ou encore à feindre d'en prendre. En cela, on pourrait dire que notre cumulonimbus produit un large spectre de dissonances cognitives que l'on peut assimiler à un effet de « cisaillement », nous coupant les ailes et supprimant toute portance et possibilité de pilotage.

— La manière dont nous signalons les événements les uns aux autres pose question. Qu'un ouragan se déchaîne, qu'une sécheresse s'installe, que des incendies dévorent une région, cela fait les gros titres, et les journalistes, à tort ou à raison, font le lien avec le changement climatique. Les bonnes nouvelles passent inaperçues ou sont minimisées[57], tandis que les événements tragiques ont tendance à occuper les conversations, chacun ajoutant, le cas échéant, sa touche dramatique.

---

56. William F. Lamb et *al.*, « Discourses of climate delay », Cambridge University Press, 2020.

57. Cf. chap. I, « Anticipation de crise climatique », p. 24.

En conséquence, nous sommes enclins à sombrer dans le désespoir, à nous lamenter que rien ne soit fait, et à chercher des responsabilités. Les opinions se polarisent, on rejette tout, en bloc et sans nuance, et parfois on en vient à imaginer des conspirations. On parlera ici d'un phénomène de « dépression ».

— La manière dont nous nous signalons les uns aux autres, dans ces contextes de crise, pose question. Face à un événement inattendu, les êtres humains ont tendance à entrer dans une compétition de signalement. Grossièrement résumé, c'est à qui aura le privilège de le signaler à l'autre. C'est l'un des traits du comportement humain[58] auquel personne n'échappe, pas même les scientifiques, et surtout pas les politiques. Ce comportement peut entraîner des réactions en chaîne aux résultats étranges. Notamment, cela pourrait expliquer la soudaine ascension de Greta Thunberg, passée en quelques mois du statut de simple écolière, à celle de porte-parole du climat dotée d'une audience de plusieurs milliards d'êtres humains. Les quelques personnages qui ont connu ce sort dans l'histoire en sont arrivés là en plusieurs décennies, voire en plusieurs siècles. Pour Greta, il n'a fallu qu'un an. Un miracle[59], si l'on peut dire, qui ne se retrouve guère que dans les récits religieux.

---

58. Jean-Louis Dessalles, « Optimal investment in social signals », *Evolution*, vol. 68, n° 6, juin 2014, p. 1640–1650.

59. Olivier Auber, « Greta, bombe cognitive ? », *Le Monde moderne*, 2019, disponible en ligne.

Ainsi, il semble que le cumulonimbus informationnel puisse produire de puissants effets d'« aspiration ». Comme Greta l'a montré, un personnage inattendu peut être propulsé soudainement en son sommet et déclencher un orage médiatique. Alors, en un éclair, l'image de son visage, hier inconnu, irradie l'ensemble du « nuage », et sa voix, ordinairement inaudible, claque tel un coup de tonnerre.

Le phénomène de la honte de voler peut être vu comme résultant de la variété d'effets du cumulonimbus que l'on vient d'évoquer. Il est difficile de prédire ce qu'il adviendra de lui après que les avions aient été cloués au sol pour une durée indéterminée. Cependant, la honte de voler, qu'elle se poursuive à l'identique où qu'elle se transforme en un autre phénomène, traduit sans doute une question importante pour ceux qui ont la chance d'avoir le loisir de se la poser : « qu'est-ce que voyager veut dire ? ».

Comme le rappellent les auteures du livre *Voyager sans avion*[60] qui explore d'autres manières de voyager : « Le problème, c'est que l'avion va tellement vite que les gens ne voyagent plus, ils consomment le voyage, "font un pays" comme ils disent ». Ainsi, l'affranchissement de la distance et du temps promis par l'avion semble avoir des effets secondaires qui se retournent maintenant contre lui. Désormais, dans les couches sociales qui ont profité le plus de l'avion, on semble considérer que « le temps de trajet est un retour à soi ».

60. Audrey Baylac, Cindy Chapelle, *Voyager sans avion*, Plume de Carotte, 2020.

Pour sortir du trou d'air, le futur de l'avion doit tenir compte de cette mutation du voyage, mais celle-ci comporte encore d'autres aspects.

2— L'industrie « aéronumérique »

Durant les longs mois de confinement, de mars à septembre 2020 selon les régions, la demande de visioconférences a explosé. Alors que l'industrie du voyage était à l'arrêt forcé, les entreprises du monde entier, mais aussi les gouvernements, les ONG, les associations et les particuliers, se sont rués sur toutes les plateformes disponibles : Skype, Google hangout, Webex, Facetime, HouseParty, Jitsi, Microsoft Teams, et particulièrement Zoom.

Certaines zones corticales des spéculateurs boursiers semblent avoir pris en compte ce phénomène. Entre fin février et fin mai, la capitalisation de la société américaine Zoom Video Communications a doublé en s'élevant à 48 milliards de dollars[61]. C'est-à-dire plus que American Airlines, Delta, British Airways, Lufthansa, Air France KLM, Southwest et United, soit les sept plus grandes compagnies aériennes réunies[62].

Un chercheur de Lufthansa, interrogé fin mai, anticipait une chute du cours de l'action Zoom lorsque le monde

61. Une capitalisation qui ne reflète pas le chiffre d'affaires : en 2019, 622 millions de dollars pour Zoom contre près de 205 milliards de dollars pour les cinq plus grandes compagnies aériennes. Les chiffres 2020 ne sont pas encore connus.

62. Ou encore 22 fois la capitalisation de Air France KLM.

redeviendrait à « la normale ». Les voyages d'affaires ne sont pas morts, selon lui : « Oui, nous voyagerons probablement beaucoup moins pour le travail lorsque les interdictions de voyager seront levées (principalement pour réduire les coûts), mais les visioconférences ne pourront pas remplacer la présence physique lors d'affaires critiques — pensez aux négociations importantes ou aux réunions du conseil d'administration[63]. »

À la mi-septembre, certes le trafic aérien n'avait toujours pas retrouvé son cours « normal », mais la capitalisation de Zoom avait encore plus que doublé tandis que celle des compagnies avait continué à chuter. Zoom pesait soixante-quinze fois Air France KLM en termes de capitalisation.

Les visioconférences, ainsi que la signature électronique, ont démontré leur efficacité pendant la crise sanitaire de la Covid-19. Il est difficile d'imaginer revenir en arrière. Les plateformes, Zoom en particulier, peuvent être considérées désormais comme des compagnies « aéronumériques » directement concurrentes des compagnies traditionnelles et même des low-cost.

Notons que ces plateformes aéronumériques sont aussi des constructeurs, au sens où elles construisent souvent leurs propres logiciels, et des sortes d'aéroports car elles agissent comme des zones de transit de nos identités

63. Clément Peltier, « Capitalisation boursière : Zoom vaut plus que les 7 plus grandes compagnies du monde réunies », *L'écho touristique*, 22 mai 2020.

numériques. De plus, non contentes d'être déjà choyées par les marchés, certaines envisagent de devenir des banques et de battre monnaie à l'échelle planétaire[64].

Les compagnies aéronumériques ne font voyager que les voix, les images et les textes, mais leur l'avantage sur le plan des coûts de transport est décisif. Accessoirement, elles n'hésitent pas à faire savoir qu'elles concurrencent aussi l'aviation pour ce qui est du respect de l'environnement[65].

Voilà une composante du trou d'air avec lequel l'aviation aura affaire à l'avenir. Cependant elle n'a pas dit son dernier mot. Une partie de son salut pourrait venir de subtilités psychologiques et cognitives.

La visioconférence.

Une visioconférence, doublée ici d'une session d'un jeu collectif appelé « générateur poétique », imaginée par Olivier Auber.

64. C'est le projet de monnaie Libra à l'initiative de Facebook.

65. Mark Zuckerberg, CEO de Facebook, septembre 2020 : « Pour atteindre l'objectif de l'accord de Paris visant à limiter l'augmentation de la température à 1,5°C, les émissions mondiales devront être nulles d'ici 2050. Pour atteindre cet objectif, les activités mondiales de Facebook atteindront le niveau zéro des émissions nettes en 2020 et nous prévoyons d'atteindre le niveau zéro sur l'ensemble de notre chaîne de valeur en 2030. »

Si l'on a vu que la massification du transport aérien a fini par faire surgir dans de nombreux esprits la question « qu'est-ce que voyager veut dire ? », il nous paraît probable que la massification des visioconférences et d'autres techniques qui pourraient venir[66], en fasse surgir une autre aussi cruciale : « qu'est-ce que communiquer veut dire ? ».

On peut observer que cette question se pose à travers le sentiment de « zoom fatigue » exprimé par ceux qui participent souvent à des visioconférences. Ce phénomène n'est pas nouveau, ni spécifique au confinement, mais il s'est manifesté à ce moment-là de manière massive, au point d'être relayé par les médias.

Des chercheurs, qui étudient les interactions homme-machine, les sciences cognitives, ou encore des psychologues ont décortiqué certains des mécanismes à l'œuvre. Le tronc commun de leurs théories peut s'exprimer ainsi : Nous autres, êtres humains, ne pouvons pas ne pas communiquer, même lorsque nous sommes seuls ! Lors d'une conversation entre plusieurs personnes, nous nous concentrons en partie sur les paroles prononcées, mais nous sommes également attentifs aux signaux non verbaux. Par exemple, si quelqu'un nous fait face, puis se détourne légèrement, s'il s'agite, ou si le rythme de sa respiration s'accélère, cela peut être le signe qu'il veut nous interrompre. Nous détectons toutes sortes d'indices chez nos interlocuteurs qui aident à nous donner une idée de la réponse que nous sommes susceptibles d'en attendre. L'évolution a fait de

66. Par exemple, la réalité virtuelle que Mark Zuckerberg voit comme l'avenir de Facebook.

nous des animaux sociaux, et pour la plupart d'entre nous, la perception de ces signaux, indispensables pour établir des liens avec autrui, ne nécessite que peu d'efforts. Notre appareil cognitif est en quelque sorte « câblé » pour cela.

Les visioconférences perturbent fortement ces modes de perception d'autrui enracinées au fond de nous. Nos interlocuteurs sont en général cadrés serrés, ce qui produit une impression de proximité physique tout en nous empêchant de discerner les gestes des mains et d'autres signaux corporels. La qualité vidéo peut être médiocre, ce qui limite la perception des expressions faciales. La caméra est souvent désaxée, ce rend impossible d'interpréter les regards, qui en outre, peuvent se porter sur des éléments hors champ dont nous ne pouvons avoir conscience, etc.

En somme, les visioconférences demandent une attention soutenue sur les paroles prononcées, faute de nous donner les autres signaux que nous sommes habitués à recevoir. Elles produisent une sorte de distorsion de l'espace et du temps. La fausse proximité qu'elles procurent, lorsqu'elle se prolonge, peut finir par nous sembler trop intime, voire menaçante. Quand les participants apparaissent tous en même temps, cela nous oblige à interpréter tellement de signaux à la fois que personne n'y parvient, surtout pas l'orateur. Enfin, le fait d'être rassemblés dans un lieu supposé virtuel[67] dont on ne connaît ni les contours,

67. En fait, ce lieu est bien « réel », il s'agit du serveur informatique de la compagnie situé sur un emplacement physique précis, mais inconnu.

ni qui le contrôle et le manipule, produit un sentiment d'insécurité[68].

Ainsi, la « zoom fatigue » trouve son origine dans la sur-sollicitation de notre appareil cognitif et dans son dérèglement. Ce sentiment peut être amplifié par les injonctions de présence assidue dans de multiples réunions, qui en temps normal peuvent être assez souples, et qui avec la visioconférence, deviennent des contraintes chronométrées.

Ainsi, la massification du transport aéronumérique fait surgir la question « qu'est-ce que communiquer veut dire ? ». Une question à laquelle, contre toute attente, le transport aérien pourrait répondre partiellement.

En effet, remarquons qu'un appel téléphonique traditionnel est souvent moins éprouvant qu'une visioconférence. Cela s'explique par le fait que le téléphone ne transmet que la voix. Il place les interlocuteurs sur pied d'égalité face à cette limitation, et par ailleurs il laisse les corps libres, car invisibles.

De la même manière, le transport aérien ne fait voyager que les corps. Il place les voyageurs sur pied d'égalité face à cette limitation, et il laisse par ailleurs les esprits libres de vagabonder dans leurs pensées comme bon leur semble[69], c'est-à-dire de « voyager ».

---

68. Un sentiment d'insécurité parfois justifié. Le 26 mars 2020, Le site Motherboard a révélé que Zoom envoyait à Facebook des données personnelles de ses utilisateurs, même s'ils n'étaient pas inscrits sur la plateforme. Après de vives protestations relayées par la presse, Zoom dit avoir mis fin à cette pratique.

69. Sous réserve de ne pas solliciter en permanence les passagers avec des tombolas, des offres *duty-free*, et autres messages promotionnels sans intérêt.

En théorie donc, le transport aérien, comme le téléphone, en vertu de sa promesse limitée, établit une certaine symétrie dans les relations humaines, propice à la confiance.

On voit là que l'aviation a des atouts que les nouvelles industries aéronumériques n'ont pas, et dont elle pourrait tirer parti à l'avenir pour sortir de son trou d'air et de son décrochage. Mais la confiance présente encore d'autres aspects qui eux, semblent bel et bien s'être évaporés…

3— Confiance, crédit, légitimité

Pour tenter de cerner d'autres aspects de la confiance qui pourraient expliquer la nature du trou d'air qui nous intéresse, interrogeons-nous plus généralement sur les principes sustentateurs de l'aviation telle que nous la connaissions avant son Grand décrochage.

On connaît les principes sustentateurs d'un avion. Pour propulser cet objet plus lourd que l'air, il faut d'abord beaucoup d'énergie stockée sous une forme ou une autre. Celle-ci est ensuite transformée par des moteurs en une poussée qui communique une vitesse à l'appareil. La forme de l'avion fait le reste : ses ailes sculptent l'air de façon à créer une différence de pression entre leur extrados et leur intrados qui assure la portance. Enfin, le pilote, aidé de ses instruments, doit contrôler en permanence la poussée et la portance ainsi que les gouvernes de l'appareil pour le maintenir dans un équilibre instable — comme s'il reposait sur une tête d'épingle —, ceci pendant toutes les phases de vol.

Transposons cela à l'aviation dans son ensemble. Pourquoi y a-t-il des avions ? Comment l'aviation tient-elle en l'air ? Ici, il n'est plus question d'énergie, de poussée, d'air et de pression, mais d'éléments beaucoup abstraits, liés à notre psychologie humaine, à l'économie et à notre vie en société.

On peut faire l'hypothèse qu'il y a d'abord le désir. En effet, pour justifier l'existence des avions, il faut que des personnes aient le désir de voyager d'un point A à un point B, et de le faire très vite. Et pour justifier ce désir, il faut une croyance : que le trajet de A vers B va procurer aux voyageurs un avantage quelconque, réel ou imaginaire. Enfin, il faut la confiance : pouvoir voyager et arriver à bon port en toute sécurité. Et dans un milieu qui n'est pas naturel pour l'homme, la sécurité est encore plus cruciale qu'elle ne l'est pour les moyens de transport terrestre.

Selon les études du IATA, ces considérations, qui peuvent sembler abstraites, sont essentielles pour les professionnels du secteur aérien. Année après année, des analystes scrutent le niveau de confiance des passagers potentiels, ainsi que celui des professionnels. Pour ces derniers, il s'agit d'évaluer la confiance qu'ils ont dans leur capacité à transporter des passagers, et dans le fait que les clients auront suffisamment confiance pour acheter un billet.

Sur le graphique ci-après, on aperçoit clairement une baisse de confiance des passagers en 2019, peut-être due à la « honte de voler », suivie d'une chute brutale en 2020 due à la pandémie. En revanche, la confiance des professionnels semble peu ou pas affectée en 2019 (peut-être à cause de leur sous-estimation de la honte de voler). Puis, avec la pandémie, elle s'effondre plus rapidement encore que celle des passagers, avant de remonter presque aussi vite (peut-être grâce aux aides gouvernementales), tandis que celle des voyageurs reste au plus bas.

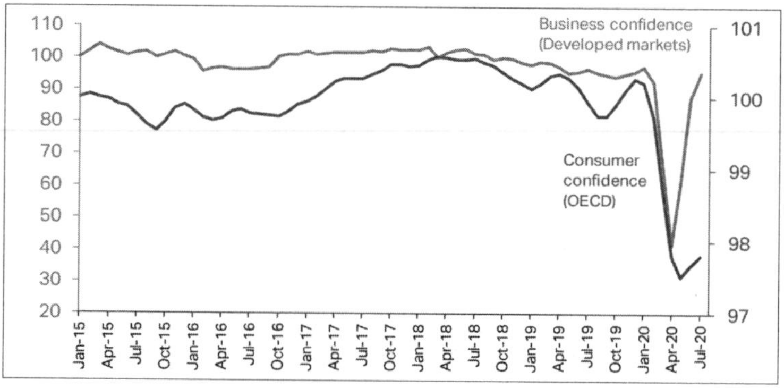

Indices de confiance des professionnels et des consommateurs du secteur aérien (2015-2020).

Que la confiance remonte ou non, puis qu'elle se maintienne ou non est une affaire de croyance. À brève échéance, il s'agit de la croyance des passagers et des professionnels en une issue positive de la pandémie. Là-dessus, on ne peut rien dire. À plus longue échéance, pour les passagers, il s'agit de savoir s'ils auront des raisons de ne plus avoir honte de voler, ou bien si les avantages que leur procure le voyage la leur feront oublier. C'est sur le plan de l'avantage qu'entrent en ligne de compte les alternatives à l'avion, notamment les offres de visioconférences de l'industrie aéronumérique.

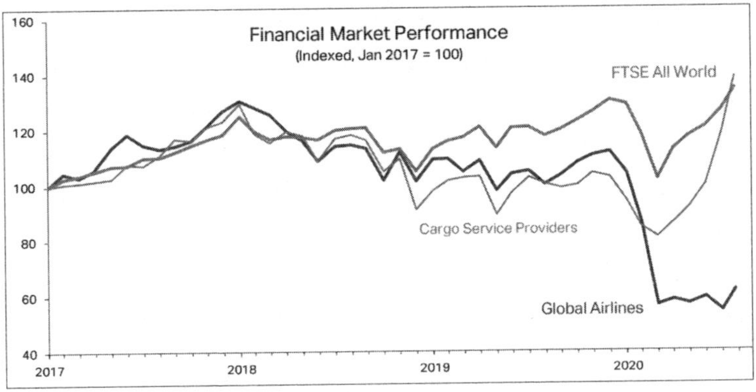

Cotation des compagnies aériennes
comparée aux autres secteurs de l'industrie (2017-2020).

Pour les professionnels, il s'agit de savoir, si non seulement les passagers, mais aussi si les actionnaires publics et privés, leur accorderont leur confiance. Et en fonction de la confiance que ces derniers accordent au secteur aérien, les professionnels en tireront ou non un bénéfice. Force est de constater que leur confiance reste aussi au plus bas.

On pourrait être tenté de considérer ce défaut de confiance et de crédit subi par le secteur aérien comme purement conjoncturel, lié au contexte particulier de la pandémie. Cependant, la honte de voler et l'irruption des compagnies aéronumériques laissent penser que c'est un phénomène plus durable. D'autres considérations que nous allons voir semblent indiquer que le secteur aérien est à la fois l'acteur et le jouet d'une crise de crédit globale ; une crise qui ne lui est donc pas spécifique, mais qu'il ressent de manière exacerbée en raison de sa position particulière.

Dans trois textes publiés à titre posthume[70], le philosophe Bernard Stiegler livre certains points qu'il nous paraît important de discuter. Il affirme qu'une « tendance suicidaire collective » s'exprime dans notre civilisation, « alors que le crédit qu'elle s'accordait, et qui fondait sa solidarité organique, se trouve compromis » (au motif de la pandémie). Il parle d'une disparition de la philia, définie par Aristote comme « la solidarité qui fait la durabilité des sociétés [...], constituée par les savoirs partagés et échangés [...] assurant la symbolisation du crédit ». « La cacophonie scientifique[71] » qui se manifeste à l'occasion de la pandémie, montre, selon lui, qu'il existe une crise profonde de la « certification », c'est-à-dire de la capacité à dire le vrai, de créer des certitudes et d'assurer le crédit. Et il diagnostique que « c'est l'ensemble des processus de certification qui procure à l'économie industrielle son crédit, aussi bien du point de vue des investisseurs (comme calculs de risques) que du point de vue des consommateurs (comme confiance dans les produits, dans leur pouvoir d'achat et dans leur monnaie), qui nécessite désormais une requalification fondamentale — et systémique ».

Il ajoute : « La certification consiste aussi bien en diplômes qu'en autorisations de voler [...] Son processus a toujours été surdéterminé par des normes comptables ».

70. Bernard Stiegler, « Démesure, promesses, compromis », textes 1, 2 et 3, publiés par Médiapart en 2020.

71. Il fait ici allusion à l'extrême violence de la controverse scientifique concernant à peu près tous les aspects de la pandémie de Covid-19.

En résumé, il conclut que les processus de certification devraient désormais être déterminés par des critères de « *néguanthropie*[72] », seuls à même de restaurer la *philia*, elle-même condition de rétablissement du crédit.

Dans l'idée du philosophe, une certification fondée sur la *néguanthropie* impliquerait de prendre en compte l'impact des produits, en l'occurrence des avions, sur les écosystèmes, au sens de leur capacité à créer de l'ordre, ou à le maintenir, plutôt que de le détruire.

Quoique dans une acception éloignée de celle du philosophe, la notion de certification est essentielle dans l'univers de l'aéronautique. Ses acteurs ont l'habitude de dire que « la certification permet de démontrer à un niveau international la capacité des industriels à s'adapter à une recherche constante de performance, de sûreté et d'éthique[73] ».

Cependant, des affaires retentissantes, où des constructeurs aéronautiques sont accusés de mettre la sécurité au second plan, montrent que la certification est en danger[74]. Pour contrer ces éventuelles dérives, il est question de réformer la certification aéronautique, notamment de faire

72. La « *néguanthropie* » est un concept prolongeant, dans le règne de l'humain, celui de « néguentropie » issu des sciences du vivant et de la théorie de l'information, qui désigne une entropie négative s'opposant à la désorganisation.

73. Comme le précise l'AFNOR sur ses pages dédiées à l'aéronautique. L'organisme de certification européen est l'AESA. Aux États-Unis, c'est la FAA. Cf. le glossaire des acronymes, p. 159.

74. C'est une des conclusions d'un rapport accablant pour Boeing et son 737 Max, rendu public en septembre 2020 par la commission des transports du Congrès américain. La FAA, agence de la sécurité aérienne américaine, est aussi accusée de s'être laissée abuser par l'avionneur.

en sorte que les organismes certificateurs cessent de déléguer une part importante de leur travail aux avionneurs eux-mêmes. Ce serait une mesure louable, mais elle semble encore loin du compte pour rétablir la confiance et le crédit à l'échelle où ils devraient l'être.

Cette échelle est globale. En effet, si la certification d'un avion telle qu'elle est pratiquée pour le moment, permet d'affirmer, dans le meilleur des cas, que l'appareil ne va pas mettre en danger la vie de ses passagers, rien ne dit qu'il ne va pas menacer d'autres vies, indirectement, ailleurs ou plus tard, en raison de son impact environnemental et social.

Si l'on suit les idées de Bernard Stiegler sur la certification, comme il le dit lui-même, l'A380, l'avion gros porteur d'Airbus dont la production a cessé en 2019 faute de succès commercial, n'aurait jamais dû recevoir d'autorisation de voler ; manière de dire qu'il n'aurait pas dû être conçu !

Évidemment, les ingénieurs de l'aéronautique ne peuvent pas être de cet avis. Tous, ou presque, s'accordent à dire que l'A380 était une merveille de la technologie, et qu'il était parfaitement sûr, autant qu'un avion puisse l'être. Néanmoins, l'A380 n'a pas durablement incarné le futur de l'avion. Certains spécialistes disent que cet avion est arrivé dix ans trop tôt, d'autres dix ans trop tard. Les uns et les autres pourraient donc concéder à Bernard Stiegler que leur disparité d'appréciations tend à démontrer la subjectivité des normes comptables qu'il a évoquées. Ils pourraient aussi lui concéder que les études économiques menées suivant lesdites normes ne garantissent en rien le succès commercial d'un avion, qu'elles aient été faites avant la conception technique de l'appareil, comme cela fut le cas pour l'A380, ou bien après.

Le quadriréacteur A380 d'Airbus (2005-2019).

Le supersonique Concorde était lui aussi présenté en son temps comme le futur de l'avion. En 1971, il était techniquement prêt à relier Paris à New York en gagnant trois heures sur ce trajet. C'est seulement à ce moment tardif qu'ont été entreprises des études économiques visant à déterminer le prix du vol permettant de garantir sa rentabilité. Un groupe de recherche franco-américain (Mathematica-Snecma) réunissant des chercheurs de Princeton, notamment ceux ayant fondé la société de recherche Mathematica, dirigée par Oskar Morgenstern[75], et des

75. Oskar Morgenstern, spécialiste de la théorie des jeux.

enseignants et chercheurs français a été constitué à cette fin. Le chercheur Yoland Bresson, qui faisait partie de cette équipe en qualité de professeur d'économie, spécialiste d'économétrie, a élaboré un modèle empruntant peu aux concepts microéconomiques habituels. Il s'est appuyé sur un constat de bon sens, quoique paradoxal et un peu dérangeant : les passagers qui sont prêts à débourser des sommes considérables pour gagner trois heures, ont en fait tout le temps devant eux, puisque l'argent dont ils disposent les dispense de devoir dégager le temps nécessaire pour en obtenir ! S'ils veulent voyager à une vitesse supersonique, ce n'est donc pas pour gagner du temps, mais essentiellement pour une question de prestige.

© Air France.

Le Concorde, un supersonique de 144 sièges (1976-2003), exposé ici comme attraction touristique à l'aéroport de Paris CDG, le 29 mars 2010.

Le prestige du Concorde était une affaire d'État sur laquelle il serait trop long de s'étendre. Parlons seulement du prestige que ce type de déplacement confère aux passagers. Selon les sciences cognitives, le prestige des individus a à voir avec leur capacité à produire de l'inattendu, par exemple créer la surprise en arrivant à New York avant les autres. Le prestige ne s'évalue guère avec des normes comptables. Il relève de la théorie du « signal social coûteux » déduite de l'observation du monde animal[76].

Finalement le prix d'un Paris-New York en Concorde n'a été déterminé ni par cette théorie cognitive ni par l'étude Mathematica–Snecma ; il a été fixé au doigt mouillé et il a varié selon l'air du temps, c'est-à-dire selon une méthode qui, à l'époque, commençait tout juste à être nommée « marketing ».

L'étude économique du Concorde aura au moins servi à une chose : Yoland Bresson a développé une théorie fondée sur la « valeur-temps » qui donne une grille de lecture de la mobilité sociale et de l'évolution des revenus individuels permettant de lier ces catégories au temps disponible[77]. En d'autres termes, il a posé les bases de ce que beaucoup d'économistes jugent encore impossible : établir un lien entre le temps et l'argent.

76. Voir « Costly signaling theory in evolutionary psychology », dans la version anglaise de l'encyclopédie en ligne Wikipédia.

77. Yoland Bresson, *Le capital-temps : pouvoir, répartition et inégalités*, Paris, Calmann-Lévy, 1977.

Les normes comptables que l'on aurait pu tirer de la théorie de Yoland Bresson n'ont pas été appliquées au Concorde, pas plus qu'à l'A380 trente ans plus tard. Au lieu de cela, on a laissé enfler la crise du crédit dont parle Bernard Stiegler, à l'origine d'une bonne partie du trou d'air qui nous intéresse. Cette crise du crédit, nous allons tenter de l'expliquer en suivant le fil de nos métaphores aéronautiques.

Nous avons parlé d'un désir de voyager d'un point A à un point B, soutenu par la croyance du voyageur que le trajet va lui procurer un avantage. Cette croyance est à la base du crédit. Remarquons en première approximation que ce schéma du voyage ressemble à un tableau d'un paysage peint selon les canons de la perspective[78]. D'après ce mode représentation de l'espace inventé à la Renaissance, il existe une sorte de profondeur de champ qui permet au spectateur-voyageur d'évaluer intuitivement la distance entre lui et l'horizon, ou pratiquement n'importe quel point du paysage, et donc le temps qu'il lui faudra pour l'atteindre.

Grâce à cette construction en perspective, le voyageur peut aussi évaluer les ressources qui seraient consommées lors du voyage, et les comparer à celles dont il dispose déjà au point A, et à celles qu'il croit pouvoir acquérir s'il se rend au point B. Si les ressources disponibles en A sont

78. La perspective spatiale (ou perspective optique), inventée à Florence, vers 1425, par l'artiste et architecte Filippo Brunelleschi.

insuffisantes, le voyageur, avant même de voyager, devra faire valoir les ressources qu'il obtiendrait en atteignant B, dans l'espoir d'obtenir un crédit suffisant de la part d'un tiers.

Dès lors qu'apparaissent les notions de crédit et de tiers, la perspective du voyage, qui semblait idyllique, se complique singulièrement. Il n'est plus question d'espace, de temps et de ressources, mais de liens sociaux entre des tiers — qui se font mutuellement crédit ou non — selon qu'ils croient ou non en l'issue du voyage, et qu'ils se fassent ou non confiance tout au long de l'aventure. Dès lors, l'espace, le temps et l'argent n'ont plus aucun rapport entre eux, comme on l'a vu dans le cas du passager du Concorde voyageant pour le prestige.

De plus, les liens sociaux en question ne se déploient pas dans un espace matériel qu'il serait possible de représenter géométriquement en utilisant la même perspective optique ; ces liens sont invisibles, et l'espace dans lequel ils se tissent l'est aussi. Il s'agit du monde de l'information constitué d'un réseau, ou plutôt d'un réseau de réseaux de réseaux…

Les avions décollent ou ne décollent pas, selon les états d'âme de ce réseau, et une fois en l'air, leur destin en dépend encore. Notre tableau de voyage est suspendu à ses fils. Non seulement « le décor chancelle », mais « il y a une fuite dans le précipice[79] ». Ce monde apparaît sans fond,

79. Haïku (poème court japonais) de Carole Fabre écrit 2020.

aucune loi, aucun décret, aucune force ne semble avoir de prise sur lui, pour contrer « la main invisible[80] » qui, soudainement suicidaire, semble avoir décidé d'enfoncer l'aviation. Toutes les certifications sont vaines, aucune ne dit la vérité : c'est le trou d'air ! Plus aucun point de repère, le temps et l'argent n'ont plus aucun lien entre eux ; plombés par la dette[81], la confiance et le crédit ont disparu ; ici aucun principe sustentateur ne semble exister.

Pourtant, observons qu'en ces circonstances, des objets étranges, que nous appellerons « industries aéronumériques », semblent tenir en l'air, et même s'élever au plus haut dans le ciel. C'est un des indices qui permet de soutenir l'idée selon laquelle le monde de l'information est aussi structuré par des perspectives, que l'on nommera « perspectives anoptiques[82] ». Ces perspectives n'ont qu'un lointain rapport avec celle, de nature optique, qui structurait notre tableau du voyage.

L'observation des industries aéronumériques laisse deviner que les réseaux tissés par ces perspectives anoptiques peuvent tenir tout seuls par un principe similaire

80. « La main invisible », expression proposée par le philosophe et économiste écossais des Lumières Adam Smith (1723–1790), désigne la théorie selon laquelle l'ensemble des actions individuelles des acteurs économiques, guidées uniquement par l'intérêt personnel de chacun, contribuent à la richesse et au bien commun. Cf. Adam Smith, *Recherches sur la nature et les causes de la richesse des nations* [1776], PUF, coll. « Pratiques théoriques », 1995.

81. Sur ce sujet, consulter les « IATA Economics' Chart of the week : Airline Credit Rating Distribution », disponible sur Iata.org.

82. Olivier Auber, *Anoptikon : Une exploration de l'internet invisible. Échapper à la main de Darwin*, FYP éditions, 2019.

à celui de « tenségrité[83] » connu par les mécaniciens de l'aviation depuis les premiers biplans. En réalité, il s'agit d'un principe de « légitimité », défini en termes cognitifs, qui peut permettre de construire des réseaux composés d'humains et de machines, à la fois souples, résilients et durables[84].

Pour conclure en reprenant le vocabulaire de Bernard Stiegler, la légitimité d'un réseau est la condition pour qu'émerge de la *néguanthropie*, seule à même de restaurer la *philia*, elle-même condition de rétablissement du crédit.

En d'autres termes, on pensait que les avions volaient dans des dimensions relevant de la perspective optique. Il va falloir s'habituer à l'idée qu'ils volent tout autant dans le monde l'information qui relève, lui, de perspectives anoptiques.

Pratiquement, cela ne veut pas dire que les compagnies aériennes doivent muter en compagnies aéronumériques. Cela signifie que l'aviation doit inventer de nouveaux principes sustentateurs[85]. C'est selon nous, une condition du futur de l'avion.

---

83. La tenségrité est la faculté d'une structure à se stabiliser par le jeu des forces de tension et de compression qui s'y répartissent et s'y équilibrent (source : Wikipédia).

84. Ce que les industries aéronumériques sont encore loin d'avoir réussi à faire.

85. Cf. chap. V, « Rêve sustentateur », p. 116.

4

Redécollage

La compagnie japonaise First Airlines n'a jamais cessé de voler pendant la pandémie, elle a même multiplié ses destinations pour satisfaire la demande. Il faut avouer qu'elle est totalement virtuelle et ne propose que des simulations de vols — l'objectif du concept étant de permettre à tous de vivre l'expérience du voyage. Les passagers achètent un billet pour passer plusieurs heures dans un avion au sol. Les hôtesses répètent les consignes de sécurité comme il se doit, puis elles distribuent aux passagers des casques de réalité virtuelle ainsi que des plateaux-repas supposés les faire « voyager » vers des destinations exotiques.

La formule n'est pas passée inaperçue auprès des « vraies » compagnies aériennes. China Airlines, basée à Taïwan, suivie par beaucoup d'autres compagnies[86] en grande difficulté, propose maintenant des « vols vers nulle part », c'est-à-dire des balades touristiques qui tournent en rond au-dessus de Taipei, Sydney ou Hawaï. Ainsi, ces compagnies qui étaient seulement « aériennes » sont-elles aussi devenues « aéronumériques ». Elles font éclater au grand jour deux questions cruciales que nous avons soulignées : « qu'est-ce que voyager signifie ? » et « qu'est-ce que communiquer veut dire ? ».

Les réponses que ces compagnies apportent sont pour le moins très limitées. Elles sont symptomatiques du trou d'air et de la crise du crédit qui affecte le milieu aérien, et elles montrent clairement que les anciens principes sustentateurs de l'aviation, les normes comptables et des processus de certification, qui ont toujours sculpté la forme des avions et l'expérience du voyage, sont en panne.

Pratiquement toutes les prévisions, les annonces et les plans formulés avant la crise semblent caducs. Néanmoins, faute de mieux et à court terme, il faut s'attendre à ce que ces anciens principes sustentateurs, rafistolés comme ils le peuvent, permettent un certain redécollage — jusqu'à ce que leur obsolescence entraîne peut-être un nouveau crash.

86. Notamment Singapore Airlines, All Nippon Airways et Qantas. La première a dû renoncer quelque temps plus tard à ses « vols pour rien » sous la pression des militants pour le climat.

1— *Business as usual*

Dans l'immédiat, il semble que « la peur de la peur » domine notre cumulonimbus[87]. Tout se passe comme si les acteurs institutionnels, du secteur aérien et financier, anticipaient leurs peurs respectives et celles des clients, actionnaires, salariés, y compris des électeurs. Une situation de crise du crédit typique, si ce n'est que, cette fois, elle a peut-être un caractère exceptionnel.

Dans un article de la revue *Airways*[88], le consultant en sécurité aéronautique Xavier Tytelman résume la perspective partagée par les professionnels : « La crise provoquée par le coronavirus est considérée comme bien pire que celles observées par le passé. Sur le plan économique d'abord, il s'agirait de la plus forte récession en temps de paix depuis 1929. Les conséquences de cette seule dimension économique devraient donc être pires que celles qui ont été observées après la faillite de Lehman Brothers. » Cette projection devient officielle, de sorte qu'elle est reprise fin septembre 2020 dans les allocutions du ministre des Finances Bruno Le Maire. Dans le même article d'Airways, les conséquences à court terme pour le secteur aérien[89] sont implacables, puis viennent les prévisions de redécollage à moyen-long terme :

87. Cf. chap. III, « La honte de voler », p. 57.

88. Xavier Tytelman, « Les scénarios de reprise », Airways, juillet-Août 2020.

89. Cf. chapitre II, p. 39.

L'hypothèse raisonnablement optimiste est qu'il faudrait 5 à 10 ans pour que le secteur aéronautique retrouve sa trajectoire de croissance d'avant crise[90]. Mais les professionnels s'attendent à ce que la demande diminue sous l'effet de « la honte de voler » et des compagnies aéronumériques. Au lieu de voir une croissance du trafic deux fois plus rapide que celle de l'économie, la progression pourrait être seulement de même niveau. Si la croissance de l'économie est de 3 %, ce qui est loin d'être acquis, le retour au niveau de trafic de 2019 pourrait survenir entre 2028 et 2030. Le secteur devrait donc faire fasse à dix ans de trou d'air, ou bien un temps indéterminé si la croissance est nulle, voire négative.

En conséquence de ces prévisions, la filière s'apprête à s'adapter, conformément aux normes comptables en vigueur : réductions d'effectifs, baisses des rémunérations, sortie de flotte de nombreux appareils, annulation ou report de livraisons, restructuration de l'offre, annulation de projets, emprunts massifs pour les acteurs ayant encore accès au crédit, faillite ou rachat pour les autres.

Dans ce jeu d'acteurs qui se déroule selon les usages des affaires courantes (*business as usual*), certains vont bénéficier des disparitions de leurs concurrents. C'est le cas de certaines compagnies, parmi les plus riches, qui profiteront probablement de la situation pour jouer les sauveteurs des

---

90. Selon une étude du cabinet de Archery Strategy Consulting.

plus pauvres, avec des rachats à prix bradés[91]. C'est le cas aussi de nouveaux avionneurs qui créent déjà des petits avions de moins de vingt sièges, par exemple le Alice de la startup israélienne Eviation Aircraft, et des compagnies privées qui commencent à les exploiter pour une clientèle fortunée sur des lignes aujourd'hui délaissées[92].

Alice, un prototype d'avion à propulsion électrique conçu par Eviation Aircraft, 2020.

La plupart de ces nouveaux avions sont supposés ouvrir la voie de la « transition écologique » en adoptant des propulsions électriques ou hybrides. Leurs promoteurs espèrent évidemment en faire un argument commercial pour contrer « la honte de voler ». Comme nous le verrons plus loin, cela est loin d'être évident si l'on considère les pro-

91. Par exemple, Qatar Airways avance en Afrique, avec le rachat de RwandAir et son intérêt exprimé pour Tunisair, Angola Airlines et Royal Air Maroc.

92. Quantum Air, Harbour Air, Wheels Up, outre-Atlantique ; Excell'Jets, en Europe.

cessus de certification qui devraient, dans un avenir proche, incorporer des critères d'impact environnemental global[93].

Enfin, la marche des affaires implique un recours à l'État. On a vu que les avionneurs ayant une branche militaire peuvent compter sur des commandes qui les aideront à passer le cap[94]. Les autres acteurs, afin d'obtenir des aides, tenteront de démontrer à l'opinion publique et aux États que « l'aviation a un caractère indispensable pour les économies, irriguant tous les secteurs d'activité partout dans le monde ». Reprenant l'idée de « la plus forte récession en temps de paix depuis 1929 », l'auteur de la revue *Airways* s'interroge : « Reste à savoir si tous les États sauront et pourront soutenir leur secteur aérien (et ceux qui en dépendent) jusqu'à la reprise, faute de quoi les conséquences de la crise aérienne pourraient être d'ordre social et politique. »

Une seule région du monde semble pourtant échapper à cette sombre perspective. C'est celle où le coronavirus a émergé en premier. Non seulement la Chine est sortie de la pandémie plus rapidement que les autres pays, mais l'étendue de son territoire et de son marché intérieur fait que le trafic aérien peut redécoller indépendamment de celui des autres régions. Il semble donc que rien ne puisse arrêter le *business as usual* chinois. De plus, la Chine est vue depuis longtemps par les professionnels comme la future grande puissance de l'aviation mondiale. Les autorités chinoises

93. Cf. chap. V, « L'avion électrique ou hybride », p. 135.

94. Cf. chap. I, « Anticipation militaro-industrielle », p. 35.

n'ont pas ménagé leurs efforts[95] pour que les premiers appareils du constructeur public Comac (Commercial Aircraft Corporation of China) puissent voler dès 2021, notamment le C919 qui prétend rivaliser avec le B737 et l'A320. Boeing et Airbus, les fournisseurs traditionnels des compagnies aériennes chinoises, estiment que, dans un premier temps, toutes les demandes ne pourront pas être satisfaites par Comac, mais ils redoutent évidemment que cela ne soit plus le cas à plus long terme.

Le Comac C919, aéroport de Shanghai-Pudong, Chine, 2017.

On redécolle donc à l'Est. Mais à l'Ouest, quand on lève les yeux, on voit encore quelques traînées blanches dans le ciel, et si l'on vit près d'un aéroport, on se surprend parfois à entendre quelques vrombissements. Il semble que, malgré tout, il y ait encore un service minimum.

95. En n'hésitant pas, dit-on, à pratiquer massivement l'espionnage industriel. Selon un rapport du cabinet de conseil en sécurité Crowdstrike, les attaques de hackers affiliés au gouvernement ont pour objectif de trouver les informations pour fabriquer l'intégralité des avions Comac en Chine. Des sociétés telles Honeywell et Safran, auraient été touchées.

Évidemment le *business as usual* ronge son frein. Quand les avions vont redécoller, la soif de voyage risque d'être soudainement énorme, et on redoute que le secteur ait les pires difficultés à y faire face — entre autres parce que les moteurs des avions sont faits pour tourner non-stop, et que les redémarrer après une longue période d'inactivité peut réserver bien des surprises.

Cependant, ce long moment d'inaction fait que, partout dans le monde, on examine les vieilles recettes pour voir si elles peuvent encore fonctionner. On espère des formules magiques, ou on se lance dans des plans aventureux, en attendant de nouveaux principes sustentateurs.

2— Vieilles recettes

Dans le cumulonimbus où est entré l'aviation, où se mêlent la menace sanitaire, la honte de voler, l'injonction à utiliser des moyens de communication aéronumériques, et la crise du crédit, qui désire voler en avion supersonique ? Qui imagine commuter en avion à décollage vertical ? Qui rêve de faire du tourisme spatial ?

Le Grand décrochage de l'aviation met en lumière un paradoxe : certains avions, à la pointe de la technologie, pourraient se montrer incapables de franchir le cumulonimbus non pas à cause de difficultés techniques ou par absence de financements (les dollars ne manquent pas), mais seulement parce qu'ils exploitent des recettes datant d'une époque révolue.

• *La recette supersonique*

Les promoteurs des voyages supersoniques font bien sûr l'hypothèse qu'il restera toujours une classe aisée, prétendument pressée[96] et insensible à toutes formes de honte, pour voyager en jets d'affaires à une vitesse allant de Mach 1 à Mach 5. Selon l'estimation du constructeur Spike Aerospace, réalisée en 2018, le marché des voyages supersoniques pourrait dépasser 13 millions de passagers par an en 2025.

Le Boom Overture, un supersonique de 55 passagers, d'une capacité de Mach 2,2, que l'entreprise américaine Boom Technology prévoit de lancer en 2025-2027.

En mars 2016, Richard Branson, patron de Virgin Group, et un autre transporteur européen ont été les premiers à prendre des options d'achat, d'un montant total de 5 milliards de dollars, pour 25 jets Boom Overture, un supersonique similaire au Concorde qui devait être opérationnel au début des années 2020.

Au salon du Bourget 2017, le carnet de commandes de cet avion est passé à 76 appareils, dont 20 commandés par

96. Cf. l'étude économique du Concorde, p. 79.

Japan Airlines. Le patron de Boom Technology, Blake Scholl, prévoyait alors que 2 000 de ses jets supersoniques relieraient prochainement 500 villes, avec des tarifs comparables à la classe affaires subsonique existante. Selon lui, le Boom Overture serait plus silencieux et plus économe en carburant que le Concorde grâce aux progrès des matériaux et de la motorisation. En outre, annonçant son alliance avec la startup Prometheus Fuels qui lui fournirait un carburant « neutre en carbone » fabriqué à partir de CO_2 capturé dans l'air, il affirme que l'avion permettra de voler deux fois plus vite que le son, mais sans impact sur le climat[97].

En septembre 2020, Boom Technology a annoncé que l'armée de l'air des États-Unis envisageait d'utiliser un Boom Overture en tant qu'Air Force One pour les voyages du président américain[98].

Le potentiel de l'ultra vitesse aérienne était aussi étudié de près par Boeing. En 2019, le constructeur américain a investi dans le projet AS2 d'Aerion, un jet d'affaires de 12 places qui devrait s'envoler en 2023 à une vitesse de Mach 1,6. De son côté, le même constructeur américain Aerion développe un projet d'avion d'affaire capable de voler à Mach 5 et à 30 km d'altitude, à l'horizon 2025. Qu'en est-il aujourd'hui de ces annonces hypersoniques ?

---

97. Ce qui sera sans doute possible à un prix abordable vers 2030, mais pas en 2020. Cf. chap. V, « Explorer l'inconnu », kérosène synthétique, p. 133.

98. Peu de temps avant, Vladimir Poutine avait proposé de développer un avion similaire à partir du bombardier supersonique Tupolev Tu-160, dont le concept remonte aux années 1970. Le marché potentiel, rien qu'en Russie, est de 20 à 30 unités pour un montant de 100 à 120 millions de dollars pièce.

© Aerion.

Boeing s'associe avec Aerion pour développer l'AS2, un jet d'affaires supersonique conçu pour atteindre Mach 1,4, dont le lancement est prévu en 2023.

• *La recette verticale*

Transcend Air, un transporteur américain basé à Boston, a développé plusieurs prototypes de VTOL (Vertical Take-Off and Landing), dont le Vy 400. L'avion ressemble à un hélicoptère, mais il est plus rapide, puisqu'il vole à 650 km/h. Il lui faudrait ainsi 35 minutes pour relier Boston à Manhattan, et moins d'une heure pour un voyage Los Angeles-San Francisco.

La possibilité de décoller et d'atterrir à la verticale, avec des liaisons directes de centre-ville à centre-ville, permettrait à la compagnie d'éviter les aéroports et les embouteillages, ce qui occasionnerait un gain de temps important. En 2019, Transcend Air tablait sur un lancement en 2024.

Reste à s'interroger si ce type de moyen de transport sera adapté à la situation sociale découlant de la crise du crédit.

© Transcend Air.

Le Vy 400 de Transcend Air.

• *La recette du tourisme spatial*

L'Agence spatiale fédérale russe revendique l'invention de la recette du tourisme spatial. Dès 2001, elle a envoyé des « touristes » dans l'espace, avec un ticket d'environ 20 millions de dollars pour un séjour de quelques jours. La recette a été reprise en 2004 par Richard Branson, patron du groupe Virgin, qui créa Virgin Galactic pour tenter de la reproduire. Plusieurs crashes et quelques morts ont montré à Branson que sa mise en œuvre n'était pas chose aisée. D'autres milliardaires, tels Jeff Bezos (Amazon) et Elon Musk (Tesla Motors) l'ont rejoint, et tentent depuis d'appliquer la même recette, baptisée Blue Origin[99] pour le premier, et SpaceX pour le deuxième.

99. Jeff Bezos injecte un milliard de dollars de sa fortune personnelle chaque année dans son projet ; Richard Branson, 450 millions de dollars.

Lady Gaga et Leonardo DiCaprio ont déjà acheté leur ticket. (Mais pas Greta Thunberg dont la renommée dépasse désormais la leur. Est-ce un signe que les vieilles recettes qui jouent sur le prestige ne fonctionnent plus ?)

©Virgin Galactic.

Le VSS Unity VF-01 spatial de Virgin Galactic.

3— Formules magiques

Dans le cumulonimbus où est entré l'aviation, la Silicon Valley joue un rôle à plus d'un titre. Constatons que ses entreprises se sont maintenues en vol, voire elles se sont fortement développées, pendant la pandémie[100]. La Silicon Valley est connue comme la patrie du « solutionnisme », une doctrine selon laquelle, face à n'importe quel problème, il existe une solution technologique. Comme le résume le critique Evgeny Morozov[101], c'est le royaume du « pour tout résoudre, cliquez ici ». Et parfois ça marche, ou du moins cela en donne l'illusion. Si bien que beaucoup attendent d'elles la formule magique.

100. Zoom + 700 %, Google + 10 %, Amazon + 60 %, Facebook + 25 %, Microsoft + 20 %, Tesla + 500 %, Uber + 0 % (chiffres arrondis mesurés de début janvier à fin septembre 2020).

101. Evgeny Morozov, *Pour tout résoudre, cliquez ici : L'aberration du solutionnisme technologique*, FYP éditions, 2014.

Nous avons vu que l'entreprise Zoom Video Communications est devenue l'archétype de ce que nous avons appelé « l'industrie aéronumérique », en se propulsant indirectement sur le marché aérien à la faveur de la pandémie[102]. Aujourd'hui, Zoom pèse, en termes de capitalisation, plusieurs dizaines de fois Air France KLM, près de trois fois Airbus, et même deux fois Boeing. Ce niveau de réussite semble à la hauteur du miracle attendu de la Silicon Valley, bien qu'il ne règle pas le problème de l'aviation, et même qu'il risque, au contraire, de l'accentuer.

Quelle est la formule magique qui a pu produire un tel effet ? Quels autres miracles peut-on encore escompter ?

Au fond, la formule est très simple. Selon les termes développés dans *Anoptikon*[103], la formule magique appliquée par la plupart des industries aéronumériques consiste à remplacer une « perspective optique » par une « perspective anoptique ».

Dans le cas de Zoom, la première perspective, celle du « voyage » dans l'espace physique grâce aux avions, est, en l'occurrence, devenue impossible. La seconde perspective, qui remplace la première, est celle de la « communication » par l'entremise d'un réseau, centralisé dans ce cas.

Dans ce schéma, le serveur de Zoom (son data center) agit comme un « point de fuite » similaire à celui qui permet la construction géométrique « en perspective » d'un paysage représenté sur un tableau. Zoom construit ainsi un

102. Cf. chap. III, « L'industrie aéronumérique », p. 66.

103. O. Auber, *Anoptikon*, *op. cit.*

nouveau tableau, reposant non plus sur des règles géométriques établissant les proportions des objets à représenter, mais sur des règles cognitives qui fixent la manière dont les signaux sont échangés entre les utilisateurs distants, et la manière dont ils sont « certifiés », c'est-à-dire comment sont contrôlées leurs « identités numériques ».

Les fameuses GAFAM (Google, Amazon, Facebook et Microsoft), qui détiennent chacune une capitalisation dix fois supérieur à Zoom, appliquent toutes diverses variantes, plus ou raffinées, de la même formule magique. En cela, ces entreprises sont toutes des industries aéronumériques, mais elles méritent doublement cette appellation :

— D'une part, parce que, comme zoom, leurs activités se substituent en partie au voyage (aérien, en voiture ou à pieds). Leur succès s'explique simplement par les gains de productivité qu'elles offrent — il est en effet moins fatiguant d'envoyer un message à son voisin de palier en passant par un serveur situé en Californie, que d'aller glisser une lettre sous sa porte —, et par l'effet du « *winner-takes-all*[104] » qui confère à leurs centres serveurs (à leurs « points de fuite anoptiques ») un caractère incontournable.

— D'autre part, parce que ces entreprises ont également des activités dans le domaine aérospatial. Les GAFAM tentent de cette manière d'amplifier leurs capacités de communication. Cela se traduit notamment par des intelligences artificielles embarquées à bord de véhicules, et des

104. « Le gagnant emporte tout », un effet observé dans tous les types de réseaux.

projets de satellites[105] ou d'avions autonomes[106] destinés à fournir et à vendre une couverture internet au monde entier.

Ainsi, la formule magique des industries aéronumériques dessine un tableau de paysage invisible (anoptique) qui conditionne la « communication » planétaire[107].

Cette formule semble perdre toute magie dès lors qu'il est question de « voyager » physiquement. Google, par exemple, a renoncé à construire lui-même des voitures autonomes. L'Aquila, le premier drone internet de Facebook, a subi un échec[108]. Quant à Uber, qui tente d'étendre sa formule de VTC aux taxis volants[109], il pourrait faire face aux mêmes difficultés que Google et Facebook.

Zephyr, le drone-satellite conçu par Airbus, qui avait fait parler de lui en août 2018, lors d'un vol stratosphérique de 25 jours, 23 heures et 57 minutes. Le record du monde pour un drone solaire.

105. Tel le projet OneWeb à l'avenir incertain, auquel ont participé Airbus, Arianespace, et aussi l'industrie spatiale russe.

106. Tel le drone solaire Aquila, développé par Facebook et abandonné en 2018.

107. En dehors de la Chine qui a ses propres industries aéronumériques, appelées BATX, concurrentes des GAFAM.

108. Une alliance entre Facebook et Airbus se dessine pour développer un drone internet nommé Zephyr.

109. Il existe beaucoup de projets concurrents, par exemple le Vahana, signifiant « véhicule des dieux », développé par Airbus au sein du centre de recherche A3, son avant-poste au sein de la Silicon Valley.

© Uber Elevate.

Projet de taxi volant d'Uber Elevate.

Dans le monde des industries aéronumériques, l'entrepreneur Elon Musk fait figure d'ogre. Sa société Tesla Motors, avec ses voitures électriques autonomes, menace de dévorer les activités d'Uber, de Lyft et de beaucoup d'autres. Il pourrait absorber une bonne part du marché des lanceurs spatiaux avec sa société SpaceX[110], et celui des satellites de diffusion internet avec le programme Starlink[111], ou encore, il pourrait, sinon absorber, au moins coloniser les cerveaux humains avec son interface implantée Neuralink[112]...

Ainsi, Elon Musk développe une formule mélangeant le rêve de « communiquer » et celui de « voyager » ; une formule qui n'est plus seulement magique, mais détonante. Elle n'était que magique à l'époque où il a construit sa fortune avec la plateforme de paiement par internet Paypal. Elle est devenue détonante dès lors qu'il a su s'imposer par son style dans le réseau des investisseurs de la Silicon Valley

110. Space Exploration Technologies Corporation.

111. Starlink poursuit les mêmes objectifs que le projet OneWeb.

112. Développé par Neuralink Corporation.

et comme star des marchés boursiers. Un seul message de Musk posté sur Twitter peut lui rapporter des milliards[113].

Le message qu'il a publié le lundi 12 août 2013 restera peut-être dans l'histoire comme sa plus grande contribution au futur de l'avion. Il y annonce la sortie du livre blanc « Hyperloop Alpha ».

Dans ce document, il définit le schéma d'une sorte d'avion auquel on aurait coupé les ailes, que l'on enverrait dans de gros tuyaux vidés de leur air où règnerait la pression de la stratosphère, et où il serait sustenté et propulsé, par exemple, par des champs magnétiques. Ainsi, cet avion terrestre, qu'il a appelé Hyperloop, pourrait voyager sans rencontrer de résistance, à des vitesses vertigineuses, et relier les grandes métropoles beaucoup plus rapidement que n'importe quel moyen de transport classique. Dans la mesure où l'électricité nécessaire à la propulsion serait « verte », l'Hyperloop le serait aussi.

L'idée n'est pas nouvelle. Elle trotte dans la tête des ingénieurs depuis au moins deux siècles[114]. En 1911, le brevet US2511979A de l'ingénieur américain Robert Goddard décrit un système similaire à l'Hyperloop ; à la fin des années 1960, l'aérotrain de l'ingénieur français Jean Bertin n'en était pas éloigné, si ce n'est que son avion terrestre ne glissait pas dans un tube, mais sur une rampe.

---

113. Tandis que l'annonce de l'avion à hydrogène par Airbus a laissé les marchés de glace. Cf. chap. IV, « Aventures politico-industrielles », p. 35.

114. Au milieu du XIXe siècle, les réseaux de tubes « pneumatiques » distribuaient des lettres ou des petits objets. On imaginait déjà qu'ils pourraient un jour transporter aussi des passagers.

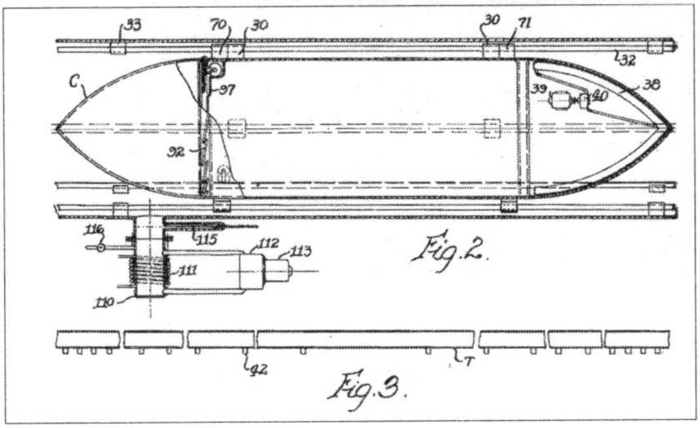

Ci-dessus, l’Hyperloop tel qu’il fut envisagé en 1865.

Ci-contre, l’Hyperloop breveté par Robert Goddard en 1911.

Dès l’instant où Elon Musk lui-même a repris cette idée, le monde s’est mis à y croire et à la considérer comme révolutionnaire. Bref, l’Hyperloop s’cst imposé dans beaucoup d’esprits comme LA formule magique du futur de l’avion, ou plutôt de la fin de l’aviation puisque que l’avion en question reste à terre.

Cependant, Elon Musk a eu surtout eu la bonne idée de mettre le concept de l’Hyperloop en « open source », si bien que très rapidement, beaucoup d’ingénieurs s’y sont intéressés, et plusieurs consortium industriels (auxquels Musk n'a pas participé) se sont formés pour le développer[115]. Des contrats ont été passés pour des études et des démonstrateurs avec plusieurs régions ou pays, dont l'Inde et la Chine.

En 2019, l'un des consortiums a annoncé qu'une première ligne Hyperloop mettrait prochainement[116] les villes de Dubaï et d'Abu Dhabi, distantes de 150 kilomètres, à 12 minutes de l'une de l'autre[117]. Ce consortium négocierait un contrat avec les princes des Émirats arabes unis, faisant valoir que l'Hyperloop contribuera à désengorger l'autoroute[118] entre les deux *smart cities*, et que sa formule révolutionnaire incarnera leur idée de la modernité.

Seulement patatra ! En 2020, l'expo universelle de Dubaï est reportée d'un an en raison du coronavirus. Dubaï et Abu Dhabi sont presque retournés à l'état de désert qui était le leur il y a quelques décennies.

Projet de ligne Hyperloop pour rejoindre Dubaï et Abu Dhabi en 12 minutes.

115. Virgin Hyperloop One, Hyperloop Transportation Technologies (HTT) et TransPod. Les deux dernières développent des démonstrateurs en France, à Toulouse et près de Limoges.

116. Plus d'un siècle après l'idée de Robert Goddard et une soixantaine d'années après celle de Jean Bertin.

117. 1 100 km/h en vitesse de pointe.

118. Autoroute que les voitures de luxe mettent souvent six heures à parcourir, pare-chocs contre pare-chocs, quoique la vitesse n'y soit limitée qu'à 160 km/h.

© TransPod.

Projet de piste d'essai Hyperloop de TransPod, à Droux, près de Limoges.

Quand le poète Arthur Rimbaud écrit : « J'ai tendu des cordes de clocher à clocher ; des guirlandes de fenêtre à fenêtre ; des chaînes d'or d'étoile à étoile, et je danse[119] », qui est ce « je » ayant le pouvoir de faire une chose pareille ? Un prince du pétrole ? Un milliardaire de l'aéronumérique ? Le même poète ajoute que non, pas du tout : « Je est un autre[120]. »

« L'autre », c'est « la main invisible » du marché, cette main dont le comportement suicidaire est l'une des composantes du trou d'air dans lequel l'aviation a décroché[121]. Selon certains économistes, cette main a atteint un sommet pathologique jamais effleuré dans l'histoire de l'humanité :

119. Arthur Rimbaud, *Œuvres complètes : Les Illuminations* [1872-1875], coll. « La Pléiade », Gallimard, 2009.

120. Arthur Rimbaud, « Lettre du voyant », dans *Œuvres complètes : Lettre de Rimbaud à Paul Demeny* [1871], coll. « La Pléiade », Gallimard, 2009.

121. Cf. chap. III, « Confiance, crédit légitimité », p. 72.

c'est son obsession de concentrer à l'extrême les richesses sur un très petit nombre d'acteurs et de leur donner le pouvoir de prononcer des formules qui, par enchantement, sont écoutées.

À ce jour, la formule magique « Abracadabra ! Hyperloop ! » n'a ouvert aucun sésame. Beaucoup de ceux qui placent leurs espoirs dans ce futur de l'avion n'y voient sans doute qu'un effet du contexte pandémique.

Nous y voyons au contraire, le signe que les formules magiques qui faisaient la grandeur de la Silicon Valley et des empires pétroliers, sont en passe de devenir obsolètes. Ce qui ne condamne pas pour autant le concept de l'Hyperloop en tant que futur de l'avion.

4— Aventures politico-industrielles

Les États ne peuvent rester sourds aux émois de l'aviation. Nous avons déjà évoqué les mesures prises par les États-Unis et l'Europe pour tenter de sauver leur secteur aérien[122].

Le cas de la Chine et celui de la France méritent aussi d'être évoqués. Ils traduisent deux aventures politico-industrielles qui pourraient ouvrir vers des futurs de l'avion très différents.

122. Cf. chap. II, p. 39.

• *La Chine*

Il faut d'abord situer le contexte[123]. Le président Xi Jinping a identifié l'industrie aérospatiale comme l'un des dix points clefs du plan « Made in China 2025 » visant à faire de son pays une puissance industrielle avancée.

Ces dernières années, le gouvernement central et les administrations régionales ont renforcé leurs investissements. On compte aujourd'hui 84 clusters régionaux pour l'aéronautique, deux fois plus qu'en 2014. Le personnel technique formé est en constante augmentation depuis cinq ans (+ 5 % par an) ; 400 000 personnes ont été formées en 2018, un niveau très proche de celui des États-Unis. Le nombre de brevets déposés a augmenté de plus de 30 % au cours des cinq dernières années, pour atteindre environ 12 000 en 2018 (contre 3 500 pour l'ensemble des acteurs majeurs européens)[124].

La Chine bénéficie de relocalisation sur son territoire d'une partie des capacités des avionneurs et équipementiers occidentaux : Airbus produit des A320 et A330 sur son site à Tianjin. L'assemblage des hélicoptères H135 est supposé démarrer à Qingdao.

La Chine a son champion national, le constructeur Comac, dont nous avons déjà parlé[125]. Son modèle phare,

123. Ce que nous avons déjà tenté de faire pour les États-Unis, l'Europe et la France.

124. Chiffres cités par Sébastien Maire, cabinet Kea & Partners, dans « L'empire aéronautique chinois, entre grandeur et concurrence », *Le Figaro*, 18 juin 2019.

125. Cf. chap. IV, « *Business as usual* », p. 89.

le C919, entend rivaliser avec le B737 et l'A320. En 2019, il enregistrait plus de 1 000 commandes. Une coopération entre Comac et le consortium de l'État russe UAC[126] a en outre été établie en 2017 pour contester le duopole Boeing-Airbus. La *joint-venture* Craic, une coopération sino-russe, a ainsi été créée pour développer le long courrier CRC 929 dont l'entrée en service est prévue entre 2025 et 2028. Ce projet semble pouvoir bénéficier des avancées technologiques des deux pays, mais il ne présente a priori aucune innovation de rupture.

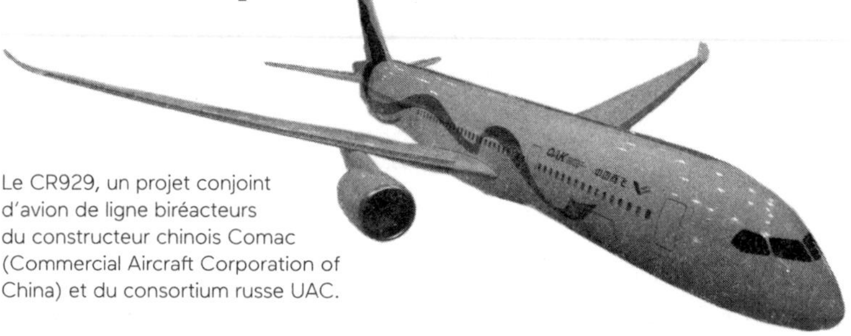

Le CR929, un projet conjoint d'avion de ligne biréacteurs du constructeur chinois Comac (Commercial Aircraft Corporation of China) et du consortium russe UAC.

En marge de son aéronautique commerciale, la chine possède deux conglomérats aérospatiaux qui développent des projets civils et militaires dans une vaste gamme de registres[127]. Elle a aussi ses startups qui entendent développer des avions électriques[128], ou bien des lanceurs à

126. UAC (United Aircraft Corporation), ou Compagnie aéronautique unifiée, ou encore OAK en russe, est un consortium créé en février 2006 et rassemblant les principaux avionneurs civils et militaires de Russie : Soukhoï, MiG, Tupolev, Iliouchine, Yakovlev, Beriev et Irkout.

127. Dont le missile hypersonique Lingyun-1.

128. Par exemple, l'Université aérospatiale de Shenyang, dans la province du Liaoning, au nord-est de la Chine, développe un prototype appelé le RX4E.

atterrissage horizontaux réutilisables et des véhicules suborbitaux dont l'un serait dédié au tourisme spatial[129].

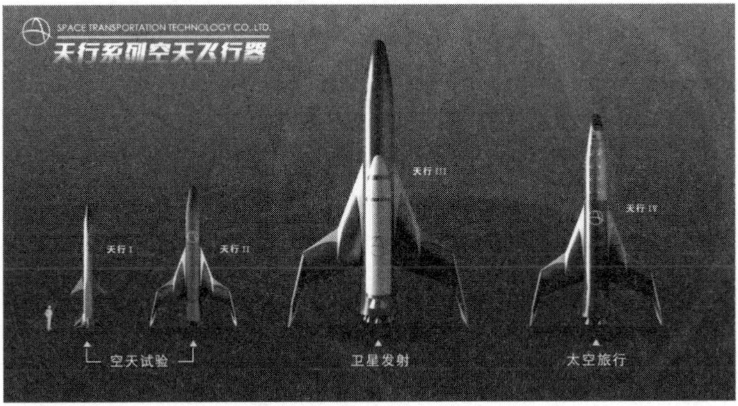

Les véhicules suborbitaux Tianxing.

Avant la crise sanitaire, le marché aérien chinois était supposé devancer celui des États-Unis dès 2025, et représenter un cinquième de la flotte mondiale à partir de 2030. Après la crise sanitaire, il nous semble probable que la Chine garde ce rang, d'autant que le pays a très vite pu reprendre son activité, contrairement au reste du monde, pour des raisons qui restent à éclaircir.

Le principal risque pour l'expansion aéronautique de la Chine vient de ses tensions politiques et commerciales avec les États-Unis. Le deuxième risque, souvent cité par les observateurs, est celui de la « pression écologique », bien

129. Space Transportation Co., fondée en 2018, développe la famille de lanceurs et véhicules suborbitaux Tianxing.

que « la honte de voler » ne se soit pas propagée dans le pays. La Chine a adopté une taxe sur l'aéronautique. Il est permis de se demander le sens d'une telle taxe dans le cadre d'une économie et d'un secteur aéronautique très largement contrôlés par l'État, et, qui plus est, dans un État qui a le plein contrôle de sa monnaie[130].

La Chine a beaucoup d'avantages sur le plan quantitatif (son marché, ses ressources financières, ses armées d'ingénieurs, etc.), mais qualitativement, son aventure politico-industrielle en matière d'aviation, telle qu'elle se profile pour le moment, ne nous semble pas annoncer un futur de l'avion véritablement disruptif — à moins que l'hypothèse d'un turboréacteur 100 % électrique développé par des ingénieurs de Wuhan ne se confirme ou que quelque chose de plus inattendu ne survienne[131].

• *La France*

Le cas de la France est particulièrement intéressant car c'est l'un des rares pays à pouvoir s'enorgueillir de maîtriser à lui-seul la totalité des technologies aéronautiques[132]. Dès l'irruption de la crise sanitaire et l'évidence du Grand décrochage aérien, une sorte de « plan Marshall » était attendu[133].

---

130. Et qui lance sa crypto-monnaie d'Etat, le Digital Yuan.

131. Cf. chap. V, « Attention à l'inattendu », p. 143.

132. Nous avons évoqué ses différents acteurs dans le chapitre I.

133. « Il faut un "plan Marshall" pour la filière aéronautique » a déclaré Philippe Petitcolin, directeur général de Safran, dans « Coronavirus : Le grand crash de l'aéronautique », *Les Échos*, 26 avril 2020.

Le plan de soutien à filière aéronautique[134] pour un montant total de 15 milliards d'euros constitue la mesure phare adoptée par le gouvernement en juin 2020. Une bonne partie de cette somme représente des garanties par l'État des emprunts contractés par les acteurs de la filière. Il comprend plusieurs volets dont des commandes militaires anticipées[135], et des mécanismes de soutien aux efforts de R&D « pour faire de la France l'un des pays les plus avancés dans les technologies de l'avion vert ». Il fixe à l'ensemble des acteurs de la filière l'objectif de parvenir à un avion « neutre en carbone[136] » en 2035.

De plus, ce plan de soutien s'inscrit dans le cadre d'un « engagement collectif des acteurs de la filière aéronautique dans le but de préserver les savoir-faire et les compétences françaises, tout en réussissant les profondes transformations à réaliser en faveur de la transition écologique[137] ». C'est un point moins spectaculaire que le reste, mais qui nous semble marquer une volonté de « tenségrité », voire une intention de « légitimité », selon le sens que nous prêtons à ces termes[138].

Un plan de relance plus général de l'économie a été présenté en septembre 2020 comprenant, entre autres, une

134. Plan de soutien à filière aéronautique, disponible sur economie.gouv.fr.

135. Cf. chap. II, « Constructeurs », p. 45.

136. Selon la feuille de route du Conseil pour la recherche aéronautique civile (CORAC).

137. Charte d'engagement sur les relations entre clients et fournisseurs au sein de la filière aéronautique française, disponible en ligne sur economie.gouv.fr.

138. Cf. chap. III, « Confiance, crédit, légitimité », p. 72.

enveloppe de 7,2 milliards d'euros, d'ici 2030, pour un « plan hydrogène » visant à stimuler l'offre d'hydrogène décarboné, et à soutenir le développement de son usage sur le territoire.

© Airbus.

L'Airbus ZEROe à hydrogène.

C'est là qu'apparaît un pari industriel et sociétal presque incroyable. Clairement, il s'agit de créer des avions à hydrogène ! Guillaume Faury, le patron d'Airbus l'a confirmé quelques jours plus tard : le groupe étudie trois modèles d'appareils de ce genre et compte en commercialiser au moins un d'ici 2035. Selon ses termes[139], il s'agit de « la transition la plus importante que notre industrie ait jamais connue ».

Il faut noter que ces annonces marquent un tournant politique majeur. En effet, rappelons que depuis 1992 et le Sommet de la Terre à Rio, les réflexions tournaient autour

139. Guillaume Faury, patron d'Airbus group, le 21 septembre 2020.

de projets d'écotaxe ou de taxe carbone incluses dans le prix du billet d'avion, ou encore de mécanismes de compensation, destinées à réparer ou atténuer les impacts de l'aviation, sans toutefois qu'ils aient été véritablement mis en œuvre.

Jusqu'ici, ces projets étaient perçus comme punitifs par les professionnels, jusqu'à ce que ce pari audacieux et incitatif s'offre soudainement à eux. Dans leur majorité, les acteurs du secteur aérien saluent le volontarisme qui s'exprime dans ces plans français de sauvetage, de relance et plus encore. Le projet d'avion à hydrogène leur paraît extrêmement ambitieux.

Cependant, certains disent qu'il est « à la limite du faisable ». Nous pensons en effet que ce projet devra faire face à de nombreuses inconnues et qu'il présente des risques et des limites, liés notamment à la certification[140].

Mais plus généralement, faire voler des avions à hydrogène, et donc se passer de pétrole, nous semble être un projet qui va au-delà de la transition industrielle envisagée par le patron d'Airbus. Ce n'est rien de moins qu'un changement de civilisation qui implique des bouleversements en cascade dans absolument tous les secteurs de la société.

Aussi, nous nous permettons de poser la question suivante : sachant que l'investissement nécessaire au développement d'un appareil conventionnel, qui ne présente pas d'innovation de rupture, se chiffre déjà en milliards

140. Cf. chap. V, « Explorer l'inconnu », p. 131.

d'euros[141], comment imaginer que des sommes comparables soient suffisantes pour mettre au point des avions qui devront nous propulser dans une autre civilisation ?

Le plan de la France s'inscrit dans la tradition du volontarisme industriel[142]. Cependant, ce plan s'appuie sur les règles du marché et sur des normes comptables classiques. Dans la crise du crédit globale dans laquelle nous sommes, nous exprimons des doutes que ces normes, même poussées à leurs limites, ne puissent dégager assez de ressources pour mettre en œuvre le plan proposé.

S'il s'agit de changer de civilisation en se passant de pétrole, il est probable qu'il soit nécessaire d'envisager des solutions financières et monétaires non conventionnelles. Sans quoi l'aventure politico-industrielle de la France risque d'être sans lendemain. En somme, le futur de l'avion devrait s'appuyer sur un autre rapport à l'argent.

C'est le « rêve sustentateur » que nous allons explorer.

5— Rêve sustentateur

« La colombe légère, lorsque, dans son libre vol, elle fend l'air dont elle sent la résistance, pourrait s'imaginer qu'elle réussirait bien mieux encore dans le vide[143]. »

141. Le développement de l'A380 avait coûté 8 milliards d'euros en son temps.

142. En réalité, l'histoire de la politique industrielle française se caractérise par un constant mouvement de balancier entre interventionnisme et retrait de l'État, entre colbertisme et libéralisme. Cf. Guillaume Thibault, *Quelle stratégie industrielle pour la France face à la mondialisation ?*, Éditions Technip, 2008.

143. Emmanuel Kant (1724-1804), *Critique de la raison pure* [1781], coll. « GF », Flammarion, 2006.

Solar Impulse : le rêve d'un nouveau principe sustentateur ?

Solar Impulse I et II sont deux avions solaires monoplace développés successivement depuis 2003 à l'initiative de Bertrand Piccard et André Borschberg. Le projet vise à construire, puis à faire voler l'avion autour du monde, de nuit comme de jour, sans carburant ni émission polluante.

« Elle pense qu'elle volerait mieux s'il n'y avait pas la résistance de l'air, alors que c'est grâce à cette résistance qu'elle peut voler. La liberté est la production des conditions nécessaires à sa réalisation[144]. »

Loin du *business as usual*, des vieilles recettes, des formules magiques et des aventures politico-industrielles, le futur de l'avion doit imaginer comment (re)faire pleinement voler les corps et les esprits.

Imaginons un instant à quoi pourrait ressembler le futur de l'avion : « Les passagers se sentent en pleine sécurité et en totale confiance ; ils ont abandonné leur peur et ont trouvé des raisons tangibles pour se libérer de "la honte de

144. Michel Clouscard (1928-2009), Traité de l'amour fou. Genèse de l'Occident, Scandéditions-Éditions sociales, 1993.

voler". Ils se sont aussi affranchis des jeux de prestige, de pouvoir et de domination qui, par le passé, ont souvent été leur seule justification de voler. Les équipages ont pleinement confiance dans leurs appareils certifiés dans les meilleures conditions. Ils ne sont plus désignés comme les bourreaux de la planète. Ils ont repris foi en l'aviation. "Voyager" et "communiquer" ont retrouvé un sens. L'aviation, comme le monde, a renoué avec la *philia* d'Aristote, connue autrefois par les équipages comme "l'esprit de concorde" sans lequel rien ne peut voler. »

Utopie bien sûr ! Mais c'est bien cela le « rêve sustentateur » qui guide le futur de l'avion.

Dans la réalité, sans parler des avions cloués au sol par la crise sanitaire, si à la honte de voler s'ajoutaient une honte d'offrir des fleurs[145], de consommer des fruits exotiques, voire une impossibilité économique d'acheter des produits importés en raison de la crise du crédit, le problème dépasserait largement la seule question de l'aviation et de la mise au point d'avions réputés « zéro carbone », électriques, à hydrogène, etc.

On a l'habitude de dire que c'est la mondialisation qui est en cause, et qu'il y existe un risque d'effondrement généralisé. Notre analyse de la confiance, du crédit et de la

145. 8 % du PIB africain reposait sur le tourisme, à quoi s'ajoutaient les exportations. Un pays comme le Kenya exportait 800 millions de dollars de fleurs dans les soutes des seuls avions de transport de passagers, ce qui permettait à près de deux millions de personnes de survivre.

légitimité[146] nous conduit à penser que le problème est, en réalité, monétaire. En effet, la monnaie trouve sa source dans la confiance et la croyance, les mêmes éléments sur lesquels reposent les avions pour voler. La monnaie n'a de valeur que si elle permet les échanges. Sans échanges, pas de monnaie. Et sans monnaie, pas d'aviation et, inévitablement, pas d'échanges non plus. Faute de pouvoir directement faire voler les avions, les gouvernements adoptent des réponses financières (non pas monétaires), en espérant que l'argent à crédit les fasse redécoller.

Singulièrement, en Europe, les gouvernements sont également sensibles à la honte de voler, une force antagoniste au décollage. Leurs politiques sont le résultat de cette double contrainte à l'œuvre dans le cumulonimbus dont nous avons parlé[147]. Elles s'expriment de manière variable, selon les pays, en fonction de leur puissance économique, de leurs caractéristiques politiques et de leur accès aux marchés financiers.

Malheureusement, les pays les plus démunis ne peuvent avoir aucune action dans ce schéma. Résignés, ils sont contraints d'attendre le redécollage des avions, en espérant que cela ne durera pas trop longtemps et qu'ils n'en viennent à développer un « culte du cargo[148] ».

---

146. Cf. chap. III, « Confiance, crédit, légitimité », p. 72.

147. Cf. chap. III, « La honte de voler », p. 57.

148. Les « cultes du cargo » se sont développés chez certains peuples océaniens à partir de la fin du XIXe siècle. Ces cultes consistent à attribuer à l'abondance et la sophistication des biens, autrefois apportés par cargo, une valeur divine.

DR.

Le cargo de paille.

Dans tous les cas, les politiques gouvernementales creusent la dette, et accroissent mécaniquement la crise du crédit, précisément celle de la croyance, qui cloue les avions au sol.

La question de la dette existait avant la pandémie, mais elle était supportable, en tout cas, était-elle supportée. Elle devient aujourd'hui cruciale dans un monde où toute forme de lien entre le temps, l'argent et l'existence humaine semble avoir disparu[149].

Les avions ne volent que s'il y a de la confiance et de la croyance. C'est pourquoi nous pensons que le futur de l'avion passera par une refonte complète des normes comptables sous-jacentes au crédit, non pas pour produire plus de monnaie, mais pour établir un nouveau rapport à l'argent, et surtout à autrui.

149. Entre autres aberrations, on a constaté en 2020 que le prix du pétrole est passé par un pic inférieur à zéro, ou que les taux d'intérêt peuvent être négatifs pour les uns, tandis qu'ils restent positifs pour les autres, etc.

C'est là, la suite de notre « rêve sustentateur » où les lecteurs attentifs trouveront peut-être quelques éléments permettant d'établir les principes du futur de l'avion (et du monde) :

— Il s'agit de changer de perspective, et de vision du monde, en passant d'une « perspective optique » supposée être celle dans laquelle on voyage, à une « perspective anoptique » qui est celle dans laquelle nous communiquons et formons nos jugements de valeur.

— Il ne s'agit pas de copier la formule magique des industries aéronumériques dont on a vu qu'elle est incapable d'appréhender le voyage physique. Il s'agit de mettre en œuvre une perspective anoptique d'un autre genre que la leur, qui elle, serait « légitime[150] ».

— Selon cette perspective légitime, la monnaie serait créée non plus selon le mécanisme du crédit et de la dette, mais suivant une formule qui, étrangement, emprunte au modèle économique de l'avion Concorde[151].

— Cette formule ne propose rien de moins qu'un changement de référentiel monétaire qui permettrait de dépasser les vieux clivages entre « croissance » et « décroissance », ou entre « accélération » et « décélération ».

150. Selon le sens donné à cette notion dans le livre *Anoptikon*, *op. cit.*

151. Il s'agit de la formule liant « le temps et l'argent » découverte par l'économiste Yoland Bresson à l'occasion de l'étude économique de l'avion Concorde (voir p. 79). Ses travaux trouvent un prolongement théorique dans la théorie relative de la monnaie (Stéphane Laborde, 2010), et un prolongement opérationnel avec la crypto monétaire expérimentale 1, une monnaie libre à dividende universel basée sur le logiciel Duniter.

— Nous entrerions alors dans le monde de l'« a-croissance » et l'« a-céléreration », c'est-à-dire un monde *anoptique* où les notions de croissance et d'accélération n'auraient aucun sens. Pourtant, ce monde reconstituerait les conditions de confiance et de croyance permettant aux avions de voler.

Ce rêve sustentateur ressemble à celui de la colombe de Kant[152] qui voulait s'affranchir de la résistance de l'air pour mieux voler, oubliant que c'est précisément grâce à cette résistance qu'elle peut rester en l'air. Cela dit, la colombe a toujours volé, tandis que les humains ont appris à le faire. Pour nous, la liberté passe toujours par « la production des conditions nécessaires à sa réalisation ».

Ainsi, pour qui veut bien l'observer, le Concorde est bien plus qu'un vieux supersonique remisé sur un parking dont certains milliardaires essaient encore de copier la recette. Il détient peut-être des clefs qui nous permettront de sortir indemnes du cumulonimbus de la crise du crédit, qui risque de se doubler d'un chaos militaire et monétaire[153].

Plus que supersonique, le Concorde est anoptique, c'est le futur de l'avion.

152. Cité en introduction de cette section.

153. Dans le contexte de la fin de la toute-puissance du dollar, de la généralisation du Digital Yuan en Chine, voire en Afrique et dans le monde, de l'envolée du Bitcoin, de la sortie de la monnaie Libra de Facebook, et de l'immobilisme d'un euro qui imagine seulement copier les chinois et les américains, il est possible que l'industrie aéronautique (entre autres), qui a besoin d'un référentiel monétaire stable pour se développer, trouve un intérêt à réfléchir au problème.

5

Les défis

« Dans la vie il n'y a pas de solutions ; il y a des forces en marche : il faut les créer et les solutions suivent[154]*. »*

La forme générale des avions de ligne n'a guère varié depuis la fin de la Seconde Guerre mondiale. Elle est le reflet de l'époque qui lui a donné naissance. Leur forme est celle des bombardiers. La forme générale de l'aviation, considérée en tant que système, n'a guère varié non plus. Elle est liée à la source d'énergie qui l'alimente, à savoir le pétrole, et à ses circuits d'approvisionnement, de transformation et de financement.

La crise profonde que traverse le monde — et que nous avons tenté de décrire, en termes aéronautiques, comme un Grand décrochage, un trou d'air et un cumulonimbus —, va probablement redéfinir la forme générale de

154. Antoine de Saint-Exupéry (1900-1944). La norme Joint Aviation Requirements (JAR), touchant à la certification et l'exploitation des aéronefs, stipule que tout bon livre sur l'aviation, pour être certifié par l'Agence européenne de la sécurité aérienne (EASA), doit comporter au moins une citation d'Antoine de Saint-Exupéry.

l'avion et celle de l'aviation, y compris ses sources primaires d'énergie. Il ne s'agit pas seulement d'une mutation technique, mais d'un changement de civilisation.

L'économiste Joseph Schumpeter estimait, au siècle dernier, que le fondement et le ressort de la dynamique de l'économie sont l'innovation et le progrès technique. Selon lui, l'histoire du capitalisme est une mue permanente ; la technologie évolue, se transforme poussant des pans entiers de l'activité économique à s'étioler, puis à disparaître après avoir été dominants.

Schumpeter retient comme exemple les transformations du textile et l'introduction de la machine à vapeur pour expliquer le développement des années 1798 à 1815, et le chemin de fer et la métallurgie pour l'expansion de la période entre 1848 et 1873.

En conséquence, la croissance est pour lui un processus permanent de création, de destruction et de restructuration des activités économiques. La « destruction créatrice » serait la caractéristique du système capitaliste qui résulte du caractère discontinu des innovations.

Pour Schumpeter, au cœur du système capitaliste se trouve l'entrepreneur qui réalise des innovations (de produits, de procédés, de marchés).

À nos yeux, la vision de Schumpeter est en passe d'être dépassée :

— d'abord parce que, en amont de toute innovation, c'est le ressort même du capitalisme, à savoir la forme que prend la monnaie (la manière dont elle est créée) qui est attaquée par la crise du crédit et le chaos monétaire qui se profile à l'horizon[155]. À l'issue de cette crise, selon nos hypothèses[156], nous devrions quitter le monde de « la croissance » pour entrer dans celui de « l'a-croissance ».

— ensuite, parce que la figure de l'entrepreneur sur laquelle le capitalisme du siècle passé avait concentré toute l'attention et le pouvoir serait de fait remis en cause par la mutation monétaire.

Selon nous, il n'est nullement nécessaire de passer par une phase de « destruction créatrice » de l'industrie et de la société, qui dans le contexte du XXIe siècle prendrait un tour cataclysmique. Il est suffisant de laisser la monnaie faire sa mue, et pendant ce temps, de tout faire pour garder une industrie aussi robuste et adaptable que possible, afin de pouvoir affronter un large éventail d'avenirs possibles.

L'hypothèse « post-shumpeterienne » que nous proposons, se traduit par quatre défis que devrait relever l'industrie aéronautique :

1— Certifier la certification.

2— Sauvegarder le connu, ce qui fonctionne,
et l'améliorer.

3— Explorer l'inconnu.

4— Attention à l'inattendu.

155. Stephen Roach (Yale university), « Pourquoi le dollar pourrait s'effondrer ? », *Les Échos*, 30 septembre 2020.

156. Cf. chap. IV, « Rêve sustentateur », p. 116.

1— Certifier la certification

L'industrie aéronautique est la grande spécialiste des processus de certification. Ses normes sont de la plus grande rigueur : normes de navigabilité FAR et certifications JAR (Joint Aviation Requirements). Ses processus sont hautement réglementés : tous les acteurs doivent être approuvés par les autorités de l'aviation que sont la Federal Aviation Administration (FAA) ou l'Agence européenne de la sécurité aérienne (EASA).

La certification intervient selon les phases suivantes : pour les hommes, au moment de leur formation et de leur spécialisation, à l'issue desquelles ils doivent être agréés et certifiés ; pour les matériels et les appareils, au niveau de leur conception, de leur fabrication, de leur autorisation de vol, de leur entretien, de leur révision et de leur réparation. De plus en plus, la certification s'intéresse au cycle de vie des matériels, en s'assurant qu'ils pourront être détruits sans dommage pour l'environnement, ou bien recyclés.

— Le premier défi de la certification consiste à maintenir ce niveau de rigueur à l'avenir. De récentes affaires[157] jettent un soupçon sur l'indépendance des experts et indiquent que la certification peut se transformer en arme commerciale — à double tranchant. Ce défi, déjà très difficile à relever dans un contexte de guerre économique, le sera davantage si la crise du crédit se creuse encore.

---

157. Voir l'affaire du Boeing 737 Max, p. 45.

La certification s'intéresse aussi à la limitation de la production de gaz à effet de serre du transport aérien. De même que pour les certifications de sécurité, c'est l'AESA qui fixe pour l'Europe les règles des nouvelles certifications « vertes », et la FAA pour les États-Unis et les régions qui dépendent. Comme les normes antibruit, ces règles sont très strictes dans leur application, et amenées à se durcir.

— Le deuxième défi de la certification consiste à prendre en compte les contraintes environnementales sans, pour autant, en faire une arme commerciale. Un durcissement des normes peut en effet éliminer certaines compagnies pour quelques ppm (parties par millions) de rejets supplémentaires, au profit de leurs concurrentes.

Enfin, il apparaît de plus en plus nécessaire que la certification s'applique aux nouveaux produits et procédés industriels en développement, bien avant que ceux-ci ne requièrent des financements parfois gigantesques pour être réalisés ou pour passer à l'échelle. C'est le cas de la plupart des innovations que nous allons évoquer : kérosène synthétique, avions électriques, à hydrogène, etc.

Cette certification devrait s'intéresser à la faisabilité technique et économique, mais aussi à l'impact global, environnemental et social, des projets présentés. L'affaire est complexe. En effet, toutes les projections que nous pouvons faire comportent des limites propres aux hypothèses qui les soutiennent, et aux hypothèses cachées ou implicites, qui par définition restent dans l'ombre. En toute rigueur, proposer un modèle prédictif « toutes choses égales par ailleurs » n'a tout simplement pas de sens. Cela explique, pour partie, les extraordinaires différences d'évaluation de l'impact global des technologies produites par les différents acteurs impliqués.

Les polémiques récentes sur l'impact environnemental de la voiture électrique le prouvent. Il est courant que deux constructeurs différents, ou bien deux groupes d'experts universitaires réputés indépendants présentent des études aux conclusions radicalement opposées. Les médias en reprennent souvent une affirmant telle ou telle thèse, rarement plusieurs. Quand ils le font, le sujet ne faisant pas partie de leur domaine de compétence, que penser de leurs conclusions ?

L'enjeu est de taille, puisqu'il s'agit d'un choix de société. Il y a véritablement un risque de s'enfermer dans des voies sans issues. De plus, le débat entre experts, scientifiques et industriels pourrait s'envenimer, comme cela a été le cas à propos des tous les aspects de la crise du Covid qui a généré une « cacophonie scientifique », une expression de la « crise de la certification » aux conséquences incalculables[158].

Dès lors, comment trancher ? Des acteurs tels que la fondation Solar Impulse, en proposant un label du même nom[159], tentent de le faire. Bien entendu, personne ne peut

158. Cf. chap. III, « Confiance, crédit, légitimité », p. 72.

159. Voir « Efficient Solution Label » sur le site Solar Impulse Fondation (solarimpulse.com/label).

prétendre, en dernier ressort, être plus neutre, plus impartial et plus légitime que les autres.

Le défi de « certifier de la certification » reste une question ouverte, et peut-être un défi qui ne peut être relevé. Cependant nous pressentons qu'un élément de réponse pourrait provenir de « l'esprit de concorde » qui inspire notre « rêve sustentateur » du futur de l'avion[160].

2— Préserver le connu

Le kérosène est le mètre étalon de toutes les sources d'énergies. Ce pouvoir calorifique hors pair, abondant, facile à produire et à stocker, c'est l'ami de l'aviation qui le lui rend bien en faisant tout ce qu'il faut pour qu'il coule à flots[161].

On reproche au kérosène mille choses. À lui, comme à son père, le pétrole, on le blâme notamment d'avoir sculpté le paysage géopolitique mondial en fabriquant des empires financiers qui ont dévasté de vastes régions et mis en place des princes autocrates et autres dictateurs qui y règnent encore. Ces mille méfaits, y compris le fait qu'il soit responsable de guerres et qu'il libère dans l'atmosphère du CO_2 qui dormait sous terre, on les oublie quand on part en voyage (ou quand on se chauffe en hiver), quoique de moins en moins.

160. Cf. chap. IV, « Rêve sustentateur », p. 116.

161. Le kérosène ne subit aucune taxe depuis la Convention de Chicago de 1944.

Mais le kérosène a créé l'aviation qui relie le monde, encore. Que ce monde tienne debout, tant bien que mal, on le lui doit. C'est sur ce principe que l'aviation s'est développée de manière « incrémentale », une amélioration après l'autre qui, selon les points de vue, semble immense ou minuscule. Et on ne peut que constater que les avions volent de mieux en mieux. Preuve que dans ce monde où tout semble connu, il reste toujours une part d'inconnu ; quelque chose qui peut encore être amélioré.

En ces temps troublés, le défi de l'aéronautique est de ne pas laisser tomber ; de ne rien lâcher.

Il y a mille choses sur lesquelles les ingénieurs travaillent avec persévérance : les moteurs LEAP et UHBR, le moteur à fort taux de dilution, l'Open Rotor, pour ce qui est de la propulsion, beaucoup d'améliorations de l'aérodynamisme[162], et énormément d'optimisations sur les plans de vol, les approches et les mouvements sur l'aéroport.

Personne ne doute que l'ami kérosène soit l'Alpha de l'aviation, mais, voyant qu'on veut le jeter comme un malpropre, qui sait s'il ne complote pas pour en être aussi l'Oméga ?

Imaginons que l'on puisse créer un jour du kérosène synthétique, appelé aussi « e-fuel », à partir d'électricité et d'hydrogène « verts », agrémenté de CO_2 collecté dans l'air. Qu'est-ce que cela voudrait dire ? Cela signifierait que les

162. Étudiée notamment par l'Office national d'études et de recherches aérospatiales (Onera).

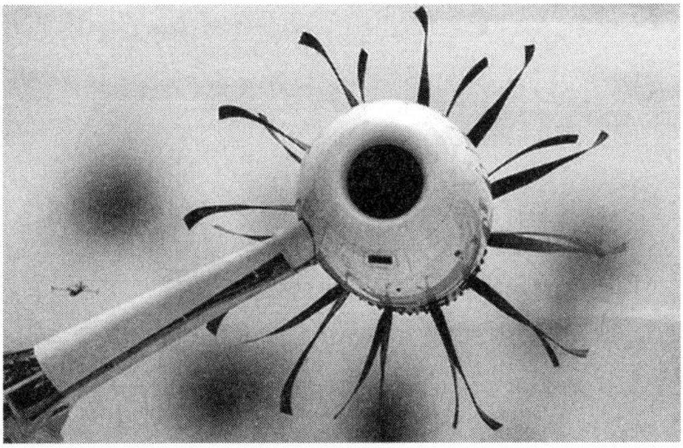

© Safran.

L'Open Rotor de Safran.

avions actuels, que certains veulent jeter à la poubelle, pourraient consommer cet e-fuel quasi neutre en carbone, sans la moindre transformation, et que, tels qu'ils sont, ces avions ne représentent rien de moins que le futur de l'avion.

Bref, le premier défi de l'aéronautique est de préserver « le connu », d'abord parce que l'avion vole — encore et encore —, ensuite parce qu'il peut être une source d'inattendus qui pourraient le faire voler encore mieux.

3— Explorer l'inconnu

Ici il est question de biocarburants de troisième génération et de kérosène synthétique, de batteries et de moteurs électriques ou hybrides, et enfin d'hydrogène.

Les principes de ces techniques sont déjà connus et leur mise en œuvre relativement maîtrisée, dans diverses applications, à diverses échelles, et dans d'autres secteurs que celui de l'aviation. Ce qui est inconnu, et qui fait l'objet de l'exploration qui nous intéresse, ce sont les conditions d'application à l'aviation.

Cette exploration de l'inconnu est périlleuse pour deux raisons :

— S'il est facilement envisageable de réaliser des prototypes reposant sur ces techniques, il est beaucoup moins évident que certains puissent franchir toutes les étapes de certification de l'aviation civile.

— Chaque technique citée ne peut prendre un sens que dans un contexte économique, industriel, culturel, politique et social, propice à sa mise en œuvre, et s'agissant d'aviation, à l'échelle internationale.

Derrière chaque technique se profile en réalité un certain modèle de société. En tout état de cause, il s'agit de se passer d'énergie fossile (ayant fait de nous une société nécrophage qui volait « en brûlant d'anciens dinosaures »), ce qui suppose, à terme, un véritable changement de civilisation.

Or, un changement de civilisation n'est pas modélisable. Il n'existe aucune formule mathématique permettant de l'anticiper. Nous sommes face à une inconnue radicale. C'est sans doute le plus difficile défi de l'exploration qui se présente à nous, et pas seulement aux acteurs de l'aéronautique, que d'avoir l'humilité d'admettre notre inconnaissance.

• *Biocarburants et kérosène synthétique*

Depuis des années, les compagnies aériennes ont consenti des investissements et effectué de nombreux tests en vue d'utiliser des carburants alternatifs au kérosène. Plusieurs ont été testés avec succès :

— Les biocarburants de première génération sont fabriqués à partir du sucre, de l'amidon et de l'huile provenant de matières organiques végétales renouvelables : maïs, arachide, soja, betterave, colza, tournesol, céréales.

— Les biocarburants de seconde génération, dits « agrocarburants avancés », utilisent une matière végétale composée d'hémicellulose et de lignine (une substance qui produit le durcissement des cellules du bois).

— Les biocarburants de troisième génération sont fabriqués à partir d'algues. Leur production n'en est qu'à un stade expérimental.

— Le kérosène synthétique, ou « e-fuel », peut être produit non pas à partir de végétaux, mais à partir de CO_2 piégé, d'électricité et d'hydrogène « verts ». Selon une étude[163], leur production paraît possible en grande quantité à l'horizon 2030.

Ces carburants alternatifs au kérosène, lorsque leur production répond aux critères suivants, portent le nom générique de « carburants d'aviation durable » ou SAF pour

163. Rapport « A look into the role of e-fuels in the transport system in Europe (2030–2050) », *Concawe Review*, vol. 28, n° 1, octobre 2019, disponible en ligne.

« *sustainable aviation fuel* ». Les SAF sont certifiés s'ils sont sûrs, durables et prêts à l'emploi. Ils doivent être transformés à partir de sources durables qui ne sont pas en concurrence avec la nourriture ou l'eau, et qui ne nuisent à la biodiversité. Les SAF peuvent réduire les émissions de CO_2 jusqu'à 80 % par rapport au kérosène conventionnel. Dans les années qui ont précédé 2019, on dénombre plus de 250 000 vols qui ont déjà décollé avec un mélange de SAF.

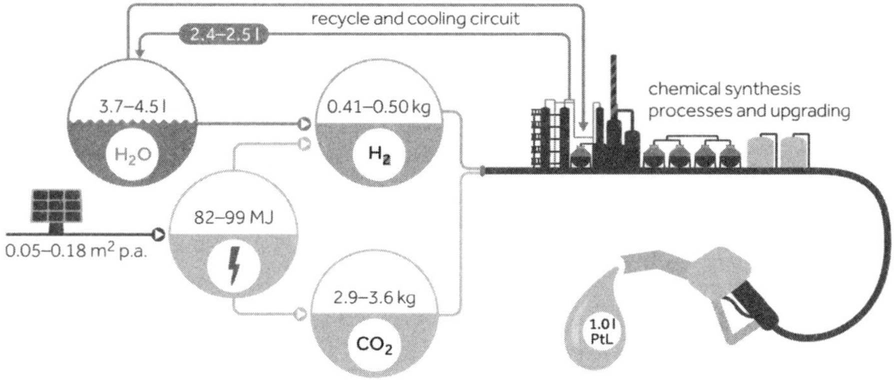

Le kérosène synthétique (efuel),
Shell, *Concawe Review*, vol. 28, n° 1, octobre 2019.

Dans le contexte de la crise sanitaire, l'International Air Transport Association (IATA) a appelé tous les acteurs de la filière aéronautique du secteur financier, ainsi que les producteurs de carburants[164], à concentrer leurs investissements sur les SAF, afin de créer des emplois et de contribuer, d'ici 2050, à réduire de moitié le niveau des émissions de l'aviation par rapport à celui de 2005. Pour le moment, les quantités de SAF produites sont trop faibles pour que l'aviation atteigne cet objectif. Toutefois, selon l'IATA, si les acteurs se mobilisent, il est encore possible d'atteindre 2 % de SAF en 2025.

Le frein empêchant que les SAF ne deviennent le futur de l'avion n'est pas technique, mais essentiellement politique et financier. Dans le contexte où le pétrole est bon marché, l'équation paraît difficile à résoudre si l'on se contente de rester dans le cadre de la loi de l'offre et de la demande et des règles comptables connues. Reste à explorer l'inconnu.

- *L'avion électrique ou hybride*

L'avion électrique ou hybride présente déjà une certaine forme de réalité. La compagnie Quantum Air propose des trajets sur ses 26 petits avions-taxis électriques au départ de Los Angeles. La compagnie Harbour Air, basée à Vancouver, Canada, a électrifié ses 40 hydravions de 6 places avec lesquels la compagnie réalise 300 vols quotidiens locaux.

164. Par la voie de l'Agence internationale de l'énergie (AIE).

Certains avions sont en passe d'être certifiés, comme l'Ampère, un hybride électrique 6 places, lancé par l'Onera, et le Alice d'Eviation[165], premier appareil électrique qui serait capable de transporter 9 passagers sur 1 000 km en 2022.

Pour le moment, cette réalité ne concerne que des avions de petite taille, avec des rayons d'action et des vitesses relativement faibles. Le plus gros avion commercial électrique au monde à ce jour est le Cessna 208B Grand Caravan, qui a effectué son vol inaugural, en mai 2020, pendant une trentaine de minutes — mais cela reste un petit avion.

Tous les avionneurs ont leurs projets d'avions électriques ou hybrides, plus puissants et de plus grande taille[166], mais les réalisations concrètes tardent à venir. Le frein majeur est la trop faible densité d'énergie des batteries lithium-ion, par rapport au kérosène. En effet, « pour obtenir la densité d'énergie d'un kilo de kérosène, il faut 60 kilos de batterie[167] ». Si bien que pour des longs rayons d'actions, il faudrait embarquer un poids de batteries qui est n'est pas supportable pour le moment.

---

165. Cf. chap. IV, « *Business as usual* », p. 89.

166. Wright Electric, partenaire de la compagnie aérienne low cost EasyJet, a lancé un programme de développement de moteur pour des avions électriques de 186 sièges.

167. Selon Jean Hermetz, directeur adjoint au pôle « conception et évaluation des performances des systèmes », à l'Office national d'études et de recherches aérospatiales (Onera).

L'évolution prévue des batteries ne devrait pas permettre la rupture nécessaire à la réalisation d'un avion de ligne électrique. « Même avec des batteries trente fois plus denses en énergie que le standard actuel, un scénario actuellement inenvisageable, on ne pourrait faire voler l'A320 qu'avec la moitié de sa charge et sur une distance cinq fois plus courte[168]. »

C'est sans doute sur ce constat amer qu'Airbus et Rolls-Royce ont abandonné en 2020 le projet d'avion hybride e-FAN X, lancé en 2017, avant même qu'il ne puisse voler.

Le projet d'avion électrique hybride e-FAN X d'Airbus (2017-2020).

168. Grazia Vittadini, directrice technique d'Airbus, citée dans *Challenges*, juin 2019.

Ainsi, la course se porte essentiellement sur le terrain des batteries[169]. Et ce terrain est mondial.

Airbus travaille au sein du réseau RS2E[170] sur des batteries lithium-air qui auraient une densité d'énergie dix fois plus élevée que la technologie lithium-ion. Plusieurs autres consortiums s'activent sur ce sujet stratégique en Asie et aux États-Unis. En août 2020, le patron de Tesla Motors, Elon Musk, a annoncé qu'il pourrait commercialiser des batteries adaptées aux avions électriques d'ici trois ou quatre ans.

Notons quelques détails qui peuvent paraître minuscules comparés à cette bataille internationale : la proximité de générateurs ou de moteurs électriques avec les instruments de bord entraîne un risque d'interférences ; les batteries, lorsqu'elles prennent feu, résistent à tous les systèmes d'extinction… et il existe des millions d'autres problèmes techniques à régler.

L'avion électrique apparaissant encore sur un horizon relativement lointain, la polémique qui enfle à propos du caractère écologique ou non de la voiture électrique[171] ne l'a pas encore atteint. Mais nul doute que dès que les pre-

---

169. Les piles à combustible font aussi partie des études en cours. Le groupe Safran, comme Airbus, l'Onera et le Commissariat à l'énergie atomique, réalisent des travaux en vue d'embarquer cette technologie à bord des avions.

170. Le réseau sur le stockage électrochimique de l'énergie (RS2E) est un réseau de recherche et de transfert technologique français qui se consacre aux différents dispositifs de stockage d'énergies.

171. Lire à ce sujet les enquêtes « Non, la voiture électrique n'est pas écologique », « La voiture électrique cause une énorme pollution minière » et « Derrière la voiture électrique, l'empire des GAFAM », publiées dans *Reporterre*, en 2020 (en ligne).

miers signes tangibles de cet avion apparaîtront, la question écologique sera posée avec une vigueur redoublée.

Les quelques points que nous venons de citer nous donnent un aperçu du monde inconnu qu'il faudra explorer pour mettre au point, un jour, le futur de l'avion électrique.

• *L'avion à hydrogène*

Selon le plan français annoncé le 3 septembre 2020[172], il est question de construire des gigafactories d'électrolyseurs alimentées par des sources d'énergies renouvelables[173]. Ces usines à hydrogène décarboné pourraient servir l'aviation, au moins de deux manières :

— en fournissant de l'hydrogène décarboné pour la production de kérosène synthétique (e-fuel), qui serait ensuite consommé par les avions sans qu'ils aient à subir une quelconque transformation.

— en fournissant de l'hydrogène décarboné à des avions capables de le consommer directement. Cette version présenterait un avantage puisqu'elle supprimerait une étape.

Cet avion à hydrogène existait déjà. Le 15 avril 1988, le TU-155 a effectué son premier vol expérimental. Conçu par les équipes de l'OBK Tupolev[174], sous la direction de

172. Cf. chap. IV, « Aventures politico-industrielles », p. 108.

173. La société Air liquide est le champion mondial de la production d'hydrogène. Elle produit ordinairement de l'hydrogène à partir de d'énergie fossile.

174. Les OKB étaient les bureaux d'études de l'URSS chargés de concevoir et de construire les prototypes d'avions, d'hélicoptères, de fusées ou de missiles.

l'ingénieur aéronautique Alexeï Tupolev, l'appareil a utilisé de l'hydrogène liquide comme carburant. Effectué par le pilote d'essai Sevankvev, le vol n'a duré que 21 minutes.

Dans un entretien accordé à la revue *Tekhnika Molodezhi*, en janvier 1989, l'académicien et chef du bureau d'études de Tupolev explique : « On me demande souvent : “Mais pourquoi l'hydrogène et pas autre chose ?” La réponse concise est : “Parce que le produit de sa combustion est l'eau.” Nous nous débarrassons des rejets nocifs, du CO_2 dont l'excès dans l'atmosphère provoque de toute évidence un “effet de serre”. Nous cherchons en permanence de nouveaux types de carburants, et il est maintenant temps d'en chercher un qui soit écologique. Si auparavant dans l'aviation, et même dans tous les autres moyens de transports, la priorité était la vitesse, les visions ont désormais beaucoup changé. Le plus important maintenant, c'est de ne pas nuire à l'environnement, d'obtenir une atmosphère propre[175]. »

Dans la suite de l'entretien, Alexeï Tupolev témoigne des obstacles rencontrés par ses équipes au cours du développement prototype. Le TU-155 à hydrogène a volé plusieurs fois, avant de rencontrer une difficulté à laquelle il n'était pas préparé : l'implosion de l'URSS en 1991 qui l'a cloué définitivement au sol[176].

175. L'interview complète d'Alexei Tupolev, datant de janvier 1989, a été traduite en français par Vladimir Krementzoff et publiée sur le site Aerobuzz.fr sous le titre : « Le 15 avril 1988, le Tu-155 vole à l'hydrogène ».

176. Le TU-155 est aujourd'hui à l'abandon sur un terrain de l'aéroport Zhukovsky de Moscou.

Le Tupolev Tu-155 à hydrogène (1988, 1991).

C'est sans doute un raisonnement similaire à celui d'Andreï Tupolev qui a conduit Airbus à présenter en septembre 2020 trois concepts d'avions « ZEROe » (pour « zéro émission »), dont l'un devrait être commercialisé en 2035.

Cette annonce a déclenché un certain émoi dans la communauté de l'aéronautique[177]. L'ampleur du défi technologique et l'aventure politico-industrielle que représente la mise au point d'un avion à hydrogène ne sont pas passées inaperçues[178]. Les difficultés qu'a rencontrées Andreï Tupolev en son temps, font douter certains qu'un tel avion

177. Mais elle n'a motivé aucune réaction des marchés boursiers, contrairement à la moindre annonce d'Elon Musk. Cf. chap. IV, « Formules magiques », p. 99.

178. L'aventure plus encourageante nous paraît être celle du collectif d'ingénieurs SUPAERO-DECARBO, qui est à la fois enthousiaste et sceptique, tout en restant mesurée : « ZEROe et le monde de demain », 24 septembre 2020, disponible en ligne.

puisse un jour être certifié. D'autres leur répondront que si les Russes ont réussi à faire voler un avion à hydrogène, il n'y a aucune raison de penser que, trente ans plus tard, nous ne puissions pas le faire.

Remplacer le kérosène par l'hydrogène demande de repenser toute l'architecture de l'avion. En effet, l'hydrogène a besoin d'un volume de stockage quatre fois plus grand que le kérosène pour fournir la même énergie. En plus, il nécessite d'être refroidi à - 253 °C pour rester liquide pendant toutes les phases de vol où la température extérieure peut varier de plus de 100 °C

Airbus prévoit d'allier deux solutions pour utiliser l'hydrogène : directement dans une turbine à gaz modifiée, ou converti en électricité grâce à une pile à combustible.

— Le premier concept serait un turboréacteur pouvant embarquer entre 20 et 200 passagers, comprenant une turbine à gaz modifiée fonctionnant à l'hydrogène. Il serait capable d'effectuer des vols intercontinentaux de plus de 3 500 km. Les réservoirs d'hydrogène liquide seraient situés derrière la cloison étanche arrière.

— Le deuxième concept serait un turbopropulseur capable d'embarquer jusqu'à 100 passagers sur plus de 1 800 km.

— Le troisième concept repense complètement l'architecture de l'avion afin d'offrir de multiples possibilités pour le stockage et la distribution d'hydrogène. Son fuselage intégré permettrait d'embarquer jusqu'à 200 passagers. Il pourrait également parcourir près de 1 800 km.

Les ZEROe, concepts d'avions à hydrogène d'Airbus.

En résumé, il existe deux versions de l'avion à hydrogène. La première utiliserait du kérosène synthétique fabriqué à partir de l'hydrogène. La deuxième utiliserait directement l'hydrogène comme carburant. Dans ces deux cas, les défis sont de nature très différente.

4— Attention à l'inattendu

Nous avons vu que la « préservation du connu », comme l'« exploration de l'inconnu » pourrait ménager des surprises. Le futur de l'avion pourrait être encore plus inattendu. Il est possible qu'une percée scientifique, une invention ou un événement[179] dont nous n'avons pas la moindre idée fassent basculer tous les futurs de l'avion que nous avons passés en revue jusqu'à présent.

Pour ce qui est des inventions et des percées scientifiques, il est difficile de prévoir d'où elles pourraient venir. Il y a quantité de travaux de recherche dans des domaines qui peuvent sembler éloignés de l'aviation, mais qui pourraient avoir un impact décisif sur le futur de l'avion. Il existe aussi quantité de brevets qui, faute d'avoir trouvé les conditions de leur développement, sommeillent chez les avionneurs et les motoristes, ou, lorsqu'ils sont mis en œuvre, ne fournissent pas les résultats attendus, du moins pour le moment. À titre indicatif, citons dans cette catégorie :

— Le brevet Lockheed Martin[180] de 2014, qui a pour objet un réacteur à fusion nucléaire[181] suffisamment compact pour être embarqué dans un avion et lui fournir l'énergie nécessaire à sa propulsion. L'avionneur américain a annoncé au moment du dépôt de son brevet qu'il était en mesure de construire un propulseur à fusion nucléaire dans les cinq ans, et qu'un prototype était en cours de développement à Palmdale, en Californie. Apparemment, la réalisation s'avère plus complexe que prévu.

---

179. Comme le 11 septembre 2001, la Covid-19, etc.

180. Brevet Lockheed Martin corp. US20180047462A1.

181. Une Fusion nucléaire contrôlée similaire à celle que tente de réaliser le réacteur thermonucléaire expérimental international ITER à l'horizon 2035.

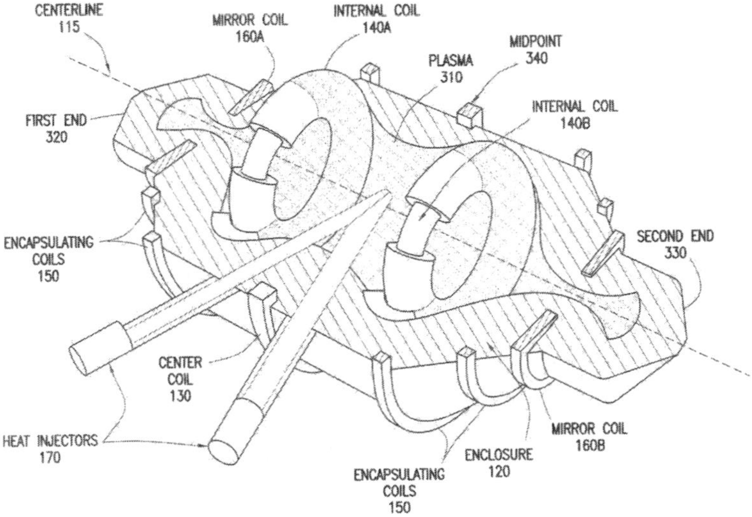

La fusion nucléaire.

— Le brevet Airbus[182] de 2017, qui vise un dispositif produisant une « réaction nucléaire à basse d'énergie[183] », en utilisant de l'hydrogène d'une manière qui pourrait fournir une énergie très supérieure à celle obtenue par sa simple combustion. Selon ce brevet, la réaction en question ne produirait pas de radiations ionisantes, contrairement à la fission nucléaire, et dans une moindre mesure, à

182. Brevet Airbus Defence and Space EP3047488B1.

183. En anglais « *low energy nuclear reaction* » (LENR). Ce type de réactions est très controversé depuis que deux électrochimistes, Martin Fleischmann et Stanley Pons, ont prétendu en 1989 qu'il s'agissait de « fusion froide » (*cold fusion*). Or, d'après d'autres scientifiques, rien n'indique qu'il s'agisse de réactions de « fusion », ni qu'elles soient d'origine « nucléaire », ni même, pour certains, qu'elles existent. De nombreuses théories tentent d'expliquer la nature de ces réactions mises en évidence par de nombreuses expériences. Il n'y a, pour l'heure, aucun consensus scientifique à ce sujet.

la fusion nucléaire tentée par Lockheed Martin. En d'autres termes, ce réacteur Airbus à l'hydrogène ne serait pas radioactif et ne présenterait aucun danger de cette nature s'il était embarqué à bord d'un avion.

Les réactions nucléaires à basse énergie.

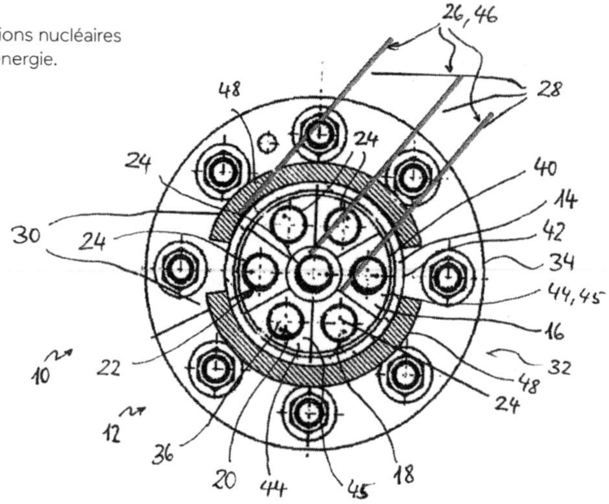

— Un procédé développé par l'Institute of Technological Sciences[184] de Wuhan, en 2020, laisse penser que les techniques de propulsion par plasma[185] envisagées depuis longtemps dans le domaine spatial[186] pourraient se voir

184. Dan Ye, Jun Li, Jau Tang, « Jet propulsion by microwave air plasma in the atmosphere », *AIP Advances*, n° 10, mai 2020.

185. Le plasma est l'un des quatre principaux états de la matière, avec les états solide, liquide et gazeux. La matière devient un plasma quand elle est chauffée à très haute température (environ 2 000 °C) ou soumise à un champ électromagnétique intense, à l'aide d'un générateur de micro-ondes, notamment. La couronne solaire, par exemple, est un plasma.

186. Igor Levchenko et *al.* « Perspectives, frontiers, and new horizons for plasma-based space electric propulsion », *Physics of Plasmas*, vol. XXVII, n° 2, février 2020.

appliquées aussi au domaine aérien. La maquette de turboréacteur mise au point par les chercheurs ne se base pas sur la combustion, mais sur l'ionisation des particules grâce à de l'électricité. Leur dispositif comprime l'air à très haute pression et l'amène dans une chambre d'ionisation à micro-ondes. L'air comprimé et ionisé se transforme en plasma, lequel finit par être éjecté pour produire l'effet de propulsion souhaité.

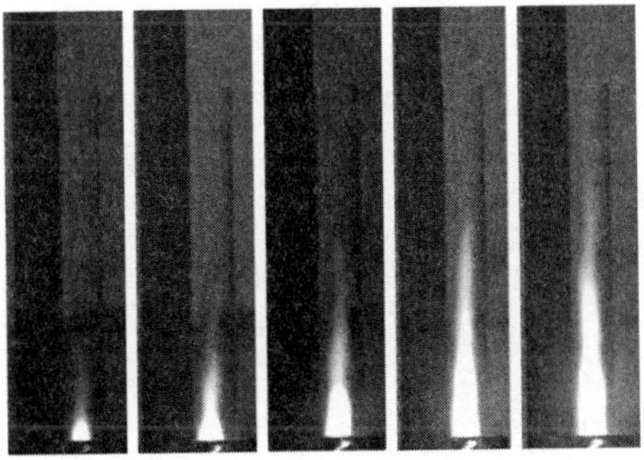

La propulsion à plasma, Institute of Technological Sciences, Wuhan City, China.

Ces trois brevets ou procédés, parmi beaucoup d'autres recherches, laissent penser que l'avion du futur pourrait être propulsé par plasma et trouver son énergie dans une fusion nucléaire, plus ou moins propre, ou dans des réactions nucléaires à basse énergie dont nous avons parlé, qui elles, le seraient vraiment. Cet avion serait, par définition, « zéro carbone ». Dans l'idéal, tout serait fait pour qu'il ne consomme aucune ressource naturelle, si ce n'est un peu d'hydrogène.

Les bombardiers de la Seconde Guerre mondiale, qui ont donné leur forme générale aux avions que nous connaissons, ont failli subir une évolution à la fois étrange et logique. Durant la guerre froide, Russes et Américains ont tenté de propulser ces bombardiers avec des réacteurs nucléaires (à fission, donc extrêmement radioactifs) qu'ils commençaient à maîtriser. Heureusement, pourrait-on dire, ce projet stupide a été interrompu au profit d'un projet encore plus stupide[187] : celui des missiles intercontinentaux à tête nucléaire, dont aucun, fort heureusement, n'a jamais été lancé contre une cible réelle.

L'avion à propulsion nucléaire (1950-1960), le Convair NB-36H américain.

187. « Stupide », au sens de la tendance des civilisations à s'autodétruire, comme l'a noté Enrico Fermi, l'un des pères de la bombe atomique, dans le « paradoxe de Fermi ». Cf. Olivier Auber, « À la recherche de l'intelligence terrestre, » revue *Humanities, Arts and Society*, UNESCO, juin 2020, disponible en ligne.

On pourrait croire que le temps de la guerre froide est révolu. Ce n'est pas tout à fait le cas. Le président Obama a donné sa caution en 2016 à un plan de modernisation d'arsenal nucléaire des États-Unis pour un montant de 1000 milliards de dollars. Le président Trump, en dépit de ses déclarations, poursuit cette politique, et son éventuel successeur n'envisage pas de faire autrement[188].

En conséquence, un futur de l'avion, non pas à fission nucléaire comme dans les années 1950, mais à fusion nucléaire (ou autres réactions citées), n'aurait rien d'inattendu dans le domaine militaire.

Ce qui serait inattendu en revanche, c'est que le cours de l'histoire prenne une autre direction, sous l'impulsion peut-être d'un nouveau rêve sustentateur[189] selon lequel ces technologies seraient développées pour la paix et l'aviation civile.

Cela pourrait nous conduire à voler, un jour, dans des avions parfaitement propres et respectueux des humains comme de l'environnement. Parmi les défis de l'aéronautique que nous avons identifiés, c'est le plus ambitieux.

188. Positions de Trump et Biden, cf. p. 49.

189. Cf. chap. IV, « Rêve sustentateur », p. 116.

Conclusion

Résilience et confiance

On se souviendra, dans dix ans ou dans un siècle, du Grand décrochage qui a fait basculer d'un seul coup toute l'aviation ; du trou d'air dans lequel elle s'est trouvée engloutie, où toute visibilité sur son avenir lui a été supprimée.

Cette situation a sans doute invité un grand nombre de ceux qui l'ont vécue à se poser des questions de fond, en tentant de ne pas céder à la peur et de garder la raison. Comme nous, tous se sont demandé quelle perturbation, quel manque d'anticipation ou quelle faute de pilotage a pu conduire le monde, et l'aviation qui la relie, dans un tel état ? Et avant que l'aviation ne décroche, qu'est-ce qui la soutenait ? Quel principe lui permettait de rester en vol ?

Surtout, quand et comment l'aviation pourra-t-elle redécoller et, avec elle, le monde ? Enfin, à quels équilibres faudra-t-il veiller à l'avenir pour ne pas décrocher à nouveau ?

Sans doute, les milliards d'êtres humains impactés par la crise sanitaire et la suspension des lignes aériennes auront réfléchi et appris quelque chose. Le monde qui va surgir sera le résultat de cet apprentissage. Personne n'est capable de le prévoir.

Nous avons fait l'hypothèse que le Grand décrochage ferait émerger un monde inouï où rien ne serait laissé intact. Disons que c'était un exercice en vue de distinguer la variété des phénomènes susceptibles de transformer le futur de l'avion et de l'aviation. Il est également possible que rien ne change ou presque.

Le monde de l'aéronautique se plaît à croire qu'il existe des fondamentaux sur lesquels il repose. En effet, il ne manque pas d'arguments démographiques et sociologiques pour dire que la classe moyenne supérieure voudra continuer de voyager, et peut-être de plus belle après en avoir été privée. Si en Europe, la honte de voler[190] va limiter un peu l'envie de voyager dans les airs, ce ne sera sans doute pas le cas en Chine, en Inde et en Afrique, où l'on estime au contraire que la demande va exploser.

Après tout, l'industrie aéronautique a vécu d'autres trous d'air, comme les chocs pétroliers de 1973 et 1979,

190. Cf. chap. III, « La honte de voler », p. 57.

les deux guerres du Golfe, le 11 septembre 2001, l'épidémie de SRAS de 2003 et le krach de 2008. Et jamais le nombre de passagers aériens n'a cessé de grimper[191]. Selon les analystes du secteur[192], la crise sanitaire devrait se traduire par un trafic de passagers en baisse de 68 % en 2020. Certes, c'est sans précédent, mais ils estiment qu'il ne faudra que trois ou quatre ans avant de retrouver le niveau de 2019.

Les avionneurs, quant à eux, dont le carnet de commandes avant la crise était plein pour huit années, à raison d'un millier d'avions livrables par an, se disent, qu'après les annulations des compagnies, leurs carnets resteront sans doute fournis pour sept ans ou, au pire, pour six ans. Ces fondamentaux leur paraissent solides. Quelle autre industrie peut prétendre être douée d'une telle résilience ?

Reste à l'industrie aéronautique la responsabilité d'utiliser sa résilience exceptionnelle pour reconstruire la confiance, le crédit et la légitimité.

Ce sont les clefs du futur de l'avion.

---

191. Il est passé de 108 millions en 1960, à 1 milliard au début des années 2000 et 4,5 milliards de passagers en 2019. Les dernières prévisions d'avant-crise tablaient sur 8,2 milliards de voyageurs en 2037.

192. Projections réalisées début octobre 2020.

Postface de
Fabrice Bardèche

Dans cet ouvrage, Francis Pollet, directeur général de l'IPSA, nous livre une analyse sans complaisance du secteur aérien et de son futur. Avec deux grands mérites : d'une part, il a consacré une vie étourdissante à l'aviation en tant que pilote, comme haut gradé, et en qualité de directeur de deux grandes écoles consacrées à ce secteur ; d'autre part, il tire du « grand trou d'air » que nous vivons des raisons d'espérer et un optimisme réaliste.

Ce livre aurait pu être celui de l'imagination grande ouverte vers les technologies du futur (pour la propulsion, l'aérodynamisme, les énergies) et vers l'hybridation de ces technologies, il aurait pu être celui des horizons largement ouverts, des conquêtes impensables. Les contraintes écologiques et sanitaires, et leurs conséquences économiques l'ont teinté d'inquiétude, de questions sans réponse, d'espoirs en demi-teinte.

Pourtant, dans la vie des hommes, rien jamais n'est inéluctable. Les rêves portés par Bertrand Piccard et ses incontestables réussites dans des paris qui semblaient fous, ou ceux qui animent Elon Musk, Jeff Bezos ou Richard Bronson pavent le chemin du futur. De même que les premiers aéronefs étaient l'apanage des rêveurs, des audacieux, puis des riches qui pouvaient s'offrir le luxe d'un voyage en avion, les voyages dans l'espace, les liaisons interplanétaires et la colonisation de l'espace connaîtront eux aussi la même évolution vers une forme de banalisation.

On n'arrête pas le rêve. Et surtout, il ne faut pas se laisser aveugler par les projecteurs de l'actualité qui ne connaissent que l'immédiat, le court terme, le bruit et la fureur. L'innovation jaillit comme la lumière soudaine d'une énergie accumulée en souterrain : celle des chercheurs, des inventeurs, celle qu'apporte une découverte ou un inventeur de génie. Quand on voit la concentration de cerveaux et d'argent qui gravite autour de l'air et de l'espace, on ne peut qu'être optimiste. Même pour le court et moyen terme. La reprise du trafic aérien en Chine le démontre ; la remise en état économique des grandes compagnies aériennes le laisse entrevoir. La rapidité même à laquelle notre monde a changé sous les coups de boutoir du virus peut pousser à l'optimisme, car les bascules se produisent dans les deux sens.

Songeons à l'état dans lequel se trouvait la planète au lendemain de la Seconde Guerre mondiale, avant de voir s'ouvrir une ère de progrès techniques et de prospérité jamais connue auparavant. Le choc écologique peut s'inscrire dans cette lignée des grands bouleversements qui relancent notre monde. Notre histoire est pleine de contraintes qui nous ont fait avancer mieux et plus vite.

Et puis, il y a les « produits dérivés ». C'est grâce aux progrès apportés par l'aéronautique, l'espace et l'automobile (entre autres) que l'aérodynamisme, les moteurs, l'énergie et les matériaux ont connu de profondes métamorphoses et continuent d'évoluer. Toutes les nouvelles mobilités où l'on inclut l'Hyperloop et tout ce qui glisse en profitent. Les technologies se renforcent les unes les autres : l'informatique optimise la sécurité, le fonctionnement des services et des objets, et la consommation d'énergie. Les progrès de l'électronique, des composants, des puces et des micro-circuits diminuent la consommation d'énergie tout en améliorant les performances et en diminuant l'encombrement : aussi précieux pour tous les véhicules jusqu'aux voiliers de compétition, et intéressant pour notre empreinte carbone.

Non, nous n'avons aucune raison de nous montrer pessimistes ou chagrins. Les voyants économiques clignotent ? Entendu. Mais les hommes avancent et, comme dirait notre Président, « quoi qu'il en coûte », nos rêves de ciel, de grands espaces et de planètes se poursuivront. Dès demain.

Fabrice Bardèche,
vice-président exécutif de Ionis Education Group.

Glossaire des acronymes

ACARE : Advisory Council for Aeronautical Research

ADEME : Agence de l'environnement et de la maîtrise de l'énergie

AIE : Agence internationale de l'énergie

ATAG : Air Transport Action Group

B3A : Bureau of Aircraft Accidents Archives

CORAC : Conseil pour la Recherche aéronautique civile

COSPACE : Comité de concertation État-industrie sur l'espace

DGAC : Direction générale de l'Aviation civile

DTA : Direction du Transport aérien

EASA : European Union Aviation Safety Agency

Eurocontrol : Organisation européenne pour la sécurité de la navigation aérienne

FAA : Federal Aviation Administration

GIFAS : Groupement des industries françaises aéronautiques et spatiales

IATA : International Air Transport Association

ICAO : International Civil Aviation Organization

OMS : Organisation mondiale de la santé

ONERA : Office national d'études et de recherches aérospatiales

Achevé d'imprimer en novembre 2020.
Imprimé en France sur les presses de Laballery
sur Munken Print White 18, 90 g/m2 d'Arctic Paper.

Dépôt légal du 1er tirage : novembre 2020
Numéro d'impression : 008294

ISBN : 978-2-36405-203-1

Cet ouvrage a été réalisé à l'initiative de l'IPSA (Institut polytechnique des sciences avancées), école d'ingénieurs en aéronautique et spatial, membre de IONIS Education Group.
www.ipsa.fr

L'IPSA est membre de IONIS Education Group, aujourd'hui le premier groupe de l'enseignement supérieur privé en France. 26 écoles et entités rassemblent dans 26 villes en France et à l'international près de 30 000 étudiants en commerce, marketing, communication, gestion, finance, informatique, numérique, aéronautique, énergie, transport, biotechnologie, création et Esport...
Le Groupe IONIS s'est donné pour vocation de former la Nouvelle Intelligence des entreprises d'aujourd'hui et de demain. Ouverture à l'international, grande sensibilité à l'innovation et à l'esprit d'entreprendre, véritable culture de l'adaptabilité et du changement, telles sont les principales valeurs enseignées aux futurs diplômés des écoles du Groupe. Ils deviendront ainsi des acteurs clés de l'économie de demain, rejoignant nos réseaux d'Anciens qui, ensemble, représentent plus de 80 000 membres.
www.ionis-group.com

Collection : « Reboot »
Imprimé en France sur les presses de l'imprimerie Laballery : sur Munken Print White 18, 90 g/m² d'Arctic Paper.
Photogravure : IGS
Couverture : Anna Drillech
Image de couverture : Adobe Stock - Viperagp
Ouvrage réalisé avec la collaboration d'Olivier Auber

ISBN : 978-2-36405-203-1

www.fypeditions.com

Le futur de l'avion